我相信，

倘有一条幸福之路摆在眼前，

很少人会胸有成竹地去选择不快乐。

——《幸福之路》P011

读客

读客三个圈经典文库

经典就读三个圈　导读解读样样全

The Conquest of Happiness

幸福之路

[英] 伯特兰·罗素 著
(1872—1970)
傅雷 译

读客三个圈经典文库

经典就读三个圈 导读解读样样全

江苏凤凰文艺出版社
JIANGSU PHOENIX LITERATURE AND ART PUBLISHING

图书在版编目（CIP）数据

幸福之路 /（英）伯特兰・罗素
(Bertrand Russell) 著；傅雷译 . -- 南京：江苏凤凰
文艺出版社，2022.11
（读客三个圈经典文库）
ISBN 978-7-5594-6986-1

Ⅰ . ①幸… Ⅱ . ①伯… ②傅… Ⅲ . ①幸福 – 通俗读
物 Ⅳ . ① B82-49

中国版本图书馆 CIP 数据核字 (2022) 第 114443 号

幸福之路

［英］伯特兰・罗素 著　　傅 雷 译

责任编辑	丁小卉
特约编辑	李亚茹　　李玉洁
封面设计	汪　芳
责任印制	刘　巍
出版发行	江苏凤凰文艺出版社
	南京市中央路 165 号，邮编：210009
网　　址	http://www.jswenyi.com
印　　刷	天津联城印刷有限公司
开　　本	880 毫米 ×1230 毫米 1/32
印　　张	6.25
字　　数	131 千字
版　　次	2022 年 11 月第 1 版
印　　次	2022 年 11 月第 1 次印刷
标准书号	ISBN 978-7-5594-6986-1
定　　价	45.00 元

江苏凤凰文艺版图书凡印刷、装订错误，可向出版社调换，联系电话：010-87681002。

我想我能变成动物，和它们为伴，它们是那么恬静那么矜持。

我站着，久久地望着它们。

它们不为儿女做牛马，也不为儿女哀号，

它们不在黑暗里睁眼失眠，为了它们的罪过啼泣，

它们不喋喋讨论对上帝的责任，使我头晕脑涨，

没有一个不满，没有一个为了占有欲而癫狂，

没有一个向另一个屈膝，也不对几千年前的祖先跪拜，

在整个的地球上没有一个有什么身份，也没有一个忧郁哀伤。

——惠特曼

作者序

这部书不是献给博学之士的，也不是给那般把实际问题作为谈助的人的。在以下的篇章内，既无高深的哲理，也无渊博的征引。我只把通情达理的一些意见归纳起来。配合这张献给读者的方子时，我所采取的学说都是由我自己的经验和观察证实过的，而且我每次遵从这些学说时都曾增加我的幸福的。为了这个缘故，我敢希望在无数感着忧郁之苦而不自溺于忧郁的男女中间，能有一部分在此找到他们的病案和逃避之法。因为相信不少烦恼的人凭着适当的努力可以变得幸福，所以我才写下这部书。

译者弁言

人尽皆知戏剧是综合的艺术；但人生之为综合的艺术，似乎还没被人充分认识，且其综合意义的更完满、更广大，尤其不曾获得深刻的体验。在戏剧舞台上，演员得扮演种种角色，追求演技上的成功，经历悲欢离合的情绪。但在人生舞台上，我们得扮演更多种的角色，追求更多方面的成功，遇到的局势也更光怪陆离，出人意外。即使在长途的跋涉奔波，忧患遍尝之后，也不一定能尝到甘美的果实——这果实我们称之为人生艺术的结晶品，称之为幸福。

症结所在，就如本书作者所云，有内外双重的原因。外的原因是物质环境，现存制度，那是不在个人能力范围以内的；内的原因有一切的心理症结，传统信念，那是在个人能力之内而往往为个人所不知或不愿纠正的。精神分析学近数十年来的努力，已驱除了不少内心的幽灵；但这种专门的科学智识既难于普遍，更难于运用。而且人生艺术所涉及的还有生物学、伦理学、社会学、历史、经济，以及无数或大或小的智识和——尤其是——智慧。能综合以上的许多观点而可为我们指南针的，在近人著作中，罗素的《幸福之路》似乎是值得介绍的一部。他的现实的观点，有些人也许要认为卑之无甚高论，但我认为正是值得我们紧紧抓握的关键。现实的枷锁加在每个人身上，大家都沉在苦恼的深渊里无以自拔；我们既不能鼓励每个人都成为革命家，也不能抑压每个人求生和求幸福的本能，那么如何在现存的重负之下挣扎出一颗自由与健全的心灵，去一尝人生的果实，岂非当前最迫切的问题？

在此我得感谢几位无形中促使我译成本书的朋友。我特别要感激一位年轻的友人，使我实地体验到：人生的暴风雨和自然界的一样多，来时也一样的突兀；有时内心的阴霾和雷电，比外界的更可怕、更致命。所以我们多一个向导，便多一重盔甲，便多一重保障。

这是我译本书的动机。

一九四二年一月　译者

目　录

* 本书以1947年南国出版社初版《幸福之路》为底本。

不幸福的原因

我相信，

倘有一条幸福之路摆在眼前，

很少人会胸有成竹地去选择不快乐。

01

什么使人不快乐？

动物只要不生病，有足够的食物，便快乐了。我们觉得人类也该如此，但在近代社会里并不然，至少以大多数的情形而论。倘使你自己是不快乐的，那你大概会承认你并非一个例外的人。倘使你是快乐的，那么试问你朋友中有几个跟你一样。当你把朋友们检讨一番之后，你可以学学观望气色的艺术；平常日子里你遇到的那些人的心境，你不妨去体味体味看。英国诗人布莱克说过：

> 在我遇到的每张脸上都有一个标记，
> 弱点和忧患的标记。

虽然不快乐的种类互异，但你总到处和它碰面。假定你在纽约，那是大都市中现代化到最标准的一个啰。假定你在办公时间站在一条热闹的街上，或在周末站在大路上，再不然在一个夜舞会中；试把你的“自我”从脑子里丢开，让周围的那些陌生人一个一个地来占据你的思想，你将发现每组不同的群众有着不同的烦恼。在上工时间的群众身上，你可看到焦虑，过度的聚精会神，消化不良，除了斗争以外对什么都缺少乐趣，没有心思玩，全不觉得有他们的同胞存在。在周末的大路上，你可看到男男女女，全都景况很好，有的还很有钱，一心一意地去追逐欢娱。大家追逐时都踩着同样的速度，即是坐着慢到无可再慢的车子鱼贯而行；坐车的人要看见前面的路或风景是不可能的，因为略一旁视就会闯祸；所有的车中的所有的乘客，唯一的欲望是越过旁人的车辆，而这又为了拥挤而办不到；倘若那般有机会不自己驾驶的人，把心思移到别处去时，那么立刻有一种说不出的烦闷抓住他们，脸上印着微微懊恼的表情。一朝有一车黑人胆敢表露出真正的快乐时，他们的荒唐的行为就要引起旁人的愤慨，最后还要因为车辆出了乱子而落到警察手里：假日的享乐是违法的。

再不然，你去端相一下快乐的夜会里的群众。大家来时都打定了主意要寻欢作乐，仿佛咬紧牙齿，决意不要在牙医生那里大惊小怪一般。饮料和狎习，公认是欢乐的大门，所以人们赶快喝，并且竭力不去注意同伴们怎样的可厌。饮料喝到相当的时候，男人们哭起来了，怨叹说，他们在品格上怎样不配受母亲的疼爱。酒精对他们的作用，是替他们挑起了犯罪的意识，那是在健全的时间被理性抑捺着的。

这些种类不同的不快乐，一部分是由于社会制度，一部分是由于个人心理——当然，个人心理也大半是社会制度的产物。如何改变社会制度来增进幸福的问题，我从前已写有专书。关于消灭战争，消灭经济剥削，消灭残忍与恐怖的教育，等等，都不是我在本书里想谈的。要发现一个能避免战争的制度，对我们的文化确是生死攸关的问题；但这种制度绝无成功之望，因为今日的人们那样的烦闷，甚至觉得互相毁灭还不及无穷尽的挨延日子来得可怕。要是机器生产的利益，能对那般需要最切的人多少有所裨益的话，那当然应该阻止贫穷的延续；但若富翁本身就在苦恼，那么教每个人做富翁又有何用？培养残忍与恐怖的教育是不好的，但那批自己就做了残忍与恐怖的奴隶的人，又能有什么旁的教育可以给？以上种种考虑把我们引到个人问题上来：此时此地的男男女女，在我们这患着思乡病的社会里，能有什么作为，可替他们或她们本身去获取幸福？在讨论这个问题时，我将集中注意在一般并不受着外界的苦难的人身上。我将假定他们有充分的收入，可以不愁吃不愁住，有充分的健康可以做普通的肉体活动。大的祸害，如儿女死尽，遭受公众耻辱，等等，我将不加考虑。关于这些题目，当然有许多话好说，而且是挺重要的，但和我在此所要讨论的属于两类。我的目的，是想提出一张治疗日常烦闷的方子，那烦闷是文明国家内大多数人感着痛苦的，而且因为并无显著的外因，所以更显得无可逃避，无可忍受。我相信，这种不快乐大部分是由于错误的世界观，错误的伦理学，错误的生活习惯，终于毁掉了对一般可能的“事物”的天然的兴致和胃口，殊不知一切的快乐，不问是人类的或野兽的，都得以这些事物为根基。观念和习惯等等，都是在个人权力范围以内的，所以我愿提出若干改革的方案，凭了它们，只要你有着中等的幸运，就有获得幸福的可能。

几句简单的自我介绍，或许对我所要辩护的哲学可以做一个最好的楔子。我不是生来快乐的。童时，我最爱的圣诗是“世界可厌，负载着我深重的罪孽”那一首。五岁时，我曾想如果我得活到七十岁，那么至此为止我不过挨了全生涯十四分之一，于是我觉得长长地展开在我面前的烦闷，几乎不堪忍受。少年时，我憎恨人生，老是站在自杀的边缘上，然而想多学一些数学的念头阻止了我。如今，完全相反了，我感到人生的乐趣；竟可说我多活一年便多享受一些。这一部分是因为我发现了自己最迫切的欲望究竟是什么，并且慢慢地实现了不少。一部分是因为我终于顺顺利利地驱除了某些欲望——例如想获得关于这个那个的确切的智识——当作根本不可求的。但最大部分，还需归功于一天天的少关心自己。像旁的受过清教徒教育的人一样，我惯对自己的罪过、愚妄和失败，做种种的冥想。我觉得自己是——当然是准确地——一个可怜的标本。慢慢地，我学会了对自己和自己的缺陷不再介介于怀；而对外界的事物，却一天天的集中我的注意：譬如世界现状，智识的各部门，以及我抱有好感的个人等。不错，对外界的关切也会有个别的烦恼带给你：世界可能陷入战争，某种智识可能难于几及，朋友可能死亡。但这一类的痛苦，不像因憎恶自己而发生的痛苦那样，会破坏人生的主要品质。再则，每种对外的兴趣，都有多少活动分配给你；而兴趣活泼泼地存在到多久，这活动就能把苦闷阻遏到多久。相反地，对自己的关切绝对不能领你去做任何进取的活动。它可以鼓励你记日记，把自己做心理分析，或者去做修士。但一个修士，必得在修院的功课使他忘掉自己的灵魂的时光，才会幸福。他以为靠了宗教得来的幸福，其实靠着清道夫的行业一样可以得到，只要他真正做一个清道夫。有一般人是因为深陷在“自我沉溺”之中而无可救药的，对于他们，外界的纪律确是一条引向幸福的路。

“自我沉溺”种类繁多。我们可以挑出“畏罪狂”“自溺狂”“自大狂”三种最普通的典型。

我说“畏罪狂”，并非说那些人真正犯罪：罪恶是人人犯的，也可说没有人犯的，要看我们对社会所下的界说而定。我指的乃是沉溺于犯罪意识的人。他永远招惹着自己的厌恶，假令他是信教的话，还要把这种自我憎恶认作神的憎恶。他认为自己应该如何如何，这幅理想的图画，却和他所知的实际的他，不断发生冲突。即使在清明的思想里他早已把在母亲膝上学来的格言忘得一干二净，他的犯罪感觉可能深埋在潜意识内，只在醉酒或熟睡时浮现。但一切东西都可引起这味道。他心里依旧承认他儿时的戒条。赌咒是恶的；喝酒是恶的；普通生意上的狡狯是恶的；尤其，性行为是恶的。当然他并不会割弃这些娱乐，但这些娱乐为他是全部毒害了，毫无乐趣可言。因为他觉得自己是为了它们而堕落的。他全灵魂所愿望的一种乐趣，是受着母亲的宽容的抚爱，为他记得在童时经历过的。既然此种乐趣不可复得，他便觉得一切都乏味；既然他不得不犯罪，他就决意痛痛快快地犯罪了。当他堕入情网时，他是在寻找慈母式的温柔，但他不能接受，因为，心中存着母亲的图像，他对任何与他有性关系的女子，感不到丝毫敬意。失望之余，他变得残忍，随又忏悔他的残忍，重新出发去兜着那幻想的罪过和真正的悔恨的凄惨的圈子。多少表面看来是狠心的浪子，其心理状态就是如此。把他诱入迷途的，是对于一个无法到手的对象的崇拜（母亲或母亲的代替物），加上早年所受的可笑的伦理教训。从早年信仰和早年情爱中解放出来，是这批“孺慕”德性的牺牲者走向快乐的第一步。

“自溺狂”在某个意义上是普通的犯罪意识的反面；特征是惯于自赞自叹，并希望受人赞叹。在某程度内，这情操无疑是正常的，无所用其惋惜；它只在过度的时候才成为一桩严重的祸害。有许多女子，特别在富有社会里，爱的感觉力完全消失了，代之而兴的是一股强烈的欲望，要所有的男人都爱她们。当这种女子确知一个男人爱她时，她便用不着他了。同样情形，在男子方面也有，不过较为少见罢了。虚荣心到了这个高度时，除了自己以外，对任何人都感不到兴趣，所以爱情方面也没有真正的满足可以得到。可是旁的方面的趣味，失败得还要悲惨。譬如，一个自溺狂者，被大画家所受到的崇拜鼓动之下，会去做一个艺术学生；但既然绘画之于他不过是达到一个目标的手段，技巧也就从来引不起他的兴味，且除了和他自身有关的以外，别的题材都不会给他看到。结果是失败和失望，期待的是恭维，到手的是冷笑。还有那般老把自己渲染成书中的英雄的小说家，也是蹈了同样的覆辙。工作上一切真正的成功，全靠你对和工作有关的素材抱有真正的兴趣。成功的政治家，一个一个的倒台，这悲剧的原因是什么呢？因为他把自溺狂代替了他对社会的关切，代替了他素来拥护的方策。只关怀自己的人并不可赞可羡，人家也不觉得他可赞可羡。因此，一个人只想要社会钦仰他而对社会本身毫不感到旁的兴味时，未必能达到他的目的。即使能够，他也不能完全快乐，因为人类本能是从不能完全以自我为中心的。自溺狂者勉强限制自己，恰如畏罪狂者的强使自己给犯罪意识控制。原始人可能因自己是一个好猎手而感到骄傲，但同时也感到行猎之乐。虚荣心一过了头，把每种活动本身的乐趣毁掉了，于是使你不可避免地无精打采，百无聊赖。原因往往是缺少自信，对症的药是培养自尊心。但第一得凭着客观的兴趣去做进取性的活动，然后可以获得自尊心。

“自大狂”和“自溺狂”的不同之处，是他希望大权在握而非动人怜爱，他竭力要令人畏惧而非令人爱慕。很多疯子和历史上大多数的伟人，都属这一类。权力的爱好，正和虚荣一样，是正常的人性中一个强有力的分子，只要不出人性这范围，我们是应该加以容纳的；一朝变得过度，而且同不充分的现实意识连接一块时，那才可悲了。在这等情形下，一个人或是忧郁不快，或是发疯，或竟两样都是。一个自以为头戴王冠的疯子，在某种意义上也许是快乐的，但他的快乐绝非任何意识健全的人所艳羡的那一种。亚历山大大帝，心理上便和疯子同型，虽然他赋有雄才大略，能够完成疯子的梦。然而他还是不能完成他自己的梦，因为他愈成功，他的梦也愈扩大。当他眼见自己是最伟大的征略者时，他决意要说自己是上帝了。但他是不是一个幸福的人呢？他的酗酒，他的暴怒，他的对女人的冷淡，和他想做神明的愿望，令人猜想他并不幸福。牺牲了人性中一切的分子来培植一个分子，或把整个世界看作建造一个人的自我的显赫的素材，是绝无终极的快慰可言的。自大狂者，不问是病态的或名义上说来是健全的，通常是极度的屈辱的产物。拿破仑在学校里，在一般富有的贵族同学前面感到自惭形秽的苦恼，因为他是一个粗鄙的苦读生。当他后来准许亡命者[1]回国时，看着当年的同学向他鞠躬如也时，他满足了。多幸福！依旧是这种早年的屈辱，鼓动他在沙皇[2]身上去寻求同样的满足，而这满足把他送到了圣·赫勒拿[3]。既然没有一个人是全能的，一场完全被权力之爱所控制的人生，迟早

1 按系指法国大革命后逃亡国外的贵族。

2 按系指俄皇亚历山大一世。

3 按系指拿翁被囚之岛名。

要碰到无可克服的难关。要自己不发觉这一点，唯有假助于某种形式的疯狂才办得到，虽然一个人倘有充分的威权，可以把胆敢指出这种情形的人禁锢起来，或者处以极刑。政治上的与精神分析学上所谓的抑止[1]，便是这样地一代一代传下来的。只消有任何形式较显的“抑止”（心理分析上的抑止）出现，就没有真正的幸福。约束在适当的范围内的权势，可大大地增加幸福，但把它看作人生唯一的目标时，它就闯祸了，不是闯在外表，就是闯在内心。

不快乐的心理原因，显然是很多的，而且种类不一。但全都有些共同点。典型的不快乐者，是少年时给剥夺了某些正常的满足的人，以致后来把这一种满足看得比一切其余的满足更重要，从而使他的人生往着单一的方向走去，并且过于重视这一种满足的实现，认为和一切与之有关的活动相反。然而这现象还有更进一步的发展，在今日极为常见。一个人所受的挫折可能严重到极点，以致他不再寻求满足，而只图排遣和遗忘。于是他变成了一个享乐狂。换言之，他设法减少自己的活力来使得生活容易挨受。例如，醉酒是暂时的自杀；它给你的快乐是消极的，是不快乐的短时间的休止。自溺狂者和自大狂者相信快乐是可能的，虽然他们所用的寻快乐的方法或许错误；但那寻找麻醉的人，不管是何种形式的麻醉，除掉希望遗忘之外，确已放弃了一切的希望。在这情形中，首先该说服他幸福是值得愿望的。忧郁的人像失眠的人一样，常常以此自豪。也许他们的骄傲好似失掉了尾巴的狐狸的那种；如果如此，那么救治之道是让他们明白怎样可以

1　即是说早年曾有某种欲望被抑止。

长出一条新的尾巴。我相信，倘有一条幸福之路摆在眼前，很少人会胸有成竹地去选择不快乐。我承认，这等人也有，但他们的数目无足重轻。因此我将假定读者是宁取快乐而舍不快乐的。能否帮助他们实现这愿望，我不知道，但尝试一下总是无害的。

02

浪漫底克的忧郁

现在，像世界史上许多别的时代一样，有一种极流行的习尚，认为我们之中的智慧之士都看破了前代的一切热诚，觉得世界上再没有什么东西值得为之而生活。抱着这等见解的人真是抑郁不欢的，但他们还以此自豪，把它归咎于宇宙的本质，并认为唯有不欢才是一个明达之士的合理的态度。他们对于“不欢”的骄傲，使一般单纯的人怀疑他们“不欢”的真诚性，甚至认为以苦恼为乐的人实在并不苦恼。这看法未免太简单；无疑的，那些苦恼的人在苦恼当中有些“高人一等”和“明察过人”的快感，可以稍稍补偿他们的损失，但我们不能说他们就是为了这快感而放弃较为单纯的享受的。我个人也不以为在抑郁不欢中间真有什么较高的道理。智慧之士可能在环境容许的范围内尽量快乐，倘他发觉对宇宙的冥想使他有超过某程度的痛苦时，他会把冥想转移到别处去。这便是我在本章内所欲证明的一点。我愿读者相信，不论你用何种论据，理性决不会阻遏快乐；不但如此，我且深信凡是真诚地把自己的哀伤归咎于自己的宇宙观的人，都犯了倒果为因的毛病：实际是他们为了自己尚未明白的某些缘故而不快乐，而这不快乐诱使他们把世间某些令人不快的特点认作罪魁祸首。

表示这些观点的，在现代的美国有著作《近代心理》的胡特·克鲁奇；在我们祖父的一代里有拜伦；各时代都可适用的，有《旧约》里《传道书》的作者。克鲁奇的说法是："我们的案子是一件败诉的案子，自然界里没有我们的地位，虽然如此，我们并不以生而为人为憾。与其像野兽一般活着，毋宁做了人而死。"拜伦说：

> 当早年的思想因感觉的衰微而逐渐凋零时，
> 世界所能给的欢乐决不能和它所攫走的相比。

《传道书》的作者说：

> 因此我赞叹那早已死去的死人，远过那还活着的活人，并且我以为比这两等人更强的，是那从未存在，从未见过日光之下的恶事的。

这三位悲观主义者，都把人生的快乐检阅过后，获得这些灰色的结论。克鲁奇氏处于纽约最高的智识阶级群里；拜伦一生有过无数的情史；《传道书》的作者在快乐的追求中还要花样繁多：他曾尝试美酒，尝试音乐，以及"诸如此类"的东西，他挖造水池，蓄有男仆女役，和生长在他家里的婢仆。即在这种环境内，智慧也不会和他分离。并且他发觉一切都是虚空，连智慧在内。

我又专心考察智慧、狂妄和愚昧，乃知道也令人沮丧。

因为多有智慧就多有烦恼，加增知识就加增忧伤。

照上面这段看来，他的智慧似乎使他受累；他用种种方法想摆脱而不能。

我心里说，来吧，我用喜乐试试你，你好享福，谁知道也是虚空。

由此可见他的智慧依旧跟着他。

我就心里说，愚昧人所遇见的，我也必遇见；那么我比人更有智慧又为何来？我心里说：这也是虚空。

我所以憎恨生命，因为在日光下所行的事我都以为烦恼；因为一切皆空，一切令人沮丧。

现在的人不再读古代的作品，算是文人的运气，否则再写新书一定要被读者认为空虚之至了。因为《传道书》派的主义是一个智慧之士所能归趋的唯一的结论，所以我们不惮烦地来讨论一心境（即抑郁不快）的各时代的说法。在这种论辩内，我们必须把"心境"跟心境的"纯智的表现"分清。一种心境是无从争辩的；它可能因某些幸运的事故或肉体的状况而变更，可不能因论辩而变更。我自己常有"万事皆空"的心境；但我摆脱这心境时，并非靠了什么哲学，而是靠了对于行动感到强烈的需要。

倘使你的儿女病了，你会不快乐，但决不感到一切皆空；你将觉得不问人生有无终极的价值，恢复孩子的健康总是一件当前的急务。一位富翁，可能而且常常觉得一切皆空，但若遇到破产时，他便觉得下一餐的饭绝不是虚空的了。空虚之感是因为天然的需要太容易满足而产生的。人这个动物，正和别的动物一样，宜于做相当的生存斗争，万一人类凭了大宗的财富，毫不费力地满足了他所有的欲望时，幸福的要素会跟着努力一块儿向他告别的。一个人对于某些东西，欲望并不如何强烈，却很轻易地弄到了手：这种事实能使他觉得欲望之实现并不带来快乐。如果这是一个赋有哲学气氛的人，他就将断言人生在本质上是苦恼的，既然一切欲望都能实现的人仍然是抑郁不欢。他却忘却了缺少你一部分想望的东西才是幸福的必不可少的条件。

以心境而论是如此。但《传道书》派的人仍然有纯智的论据。

> 江河都往海里流，海却不曾满，
> 太阳之下并无新事，
> 已经过去的事情无人纪念。
> 我恨我在日光之下所做一切劳碌，
> 因为我将把得来的留给后人。

假若我们把这些论据用现代哲学的文体来复述一遍的话，大概是：人永远劳作，物永远动荡，可没有一件东西常在，虽然后来的新东西跟过去的并无分别。一个人死了，他的后裔来收获他劳作的果实；江河流入大海，但江河的水并不能长留大海。在无穷尽而无目标的循环里，人与物生生死死，日复一日，年复一年，并无进步，并无永久常存的成就。江河倘有智慧，必将停在它们的所在。所罗门[1]倘有智慧，一定不种果树来让他的儿子享用果实。

但在另一心境内，这些说话将显得完全两样了。太阳之下无新事？那么，摩天楼、飞机、政治家的广播演说，将怎么讲？关于这些，所罗门曾经知道些什么？倘他能从无线电里听到示巴[2]女王在游历她的领地回去以后对臣民的训话，他不能在虚妄的果树和水塘中间感到安慰么？倘有一个剪报社，把新闻纸上关于他的殿堂的壮丽，宫廷的舒适，和他敌对的哲人的词穷理屈等的记载剪下来寄给他，他还会说太阳之下无新事么？也许这不能完全医好他的悲观主义，但他将因之而用新的说法来表现他的悲观。的确，克鲁齐氏的怨叹中，就有一项是说太阳之下新的事情太多了。没有新的事情令人烦闷，有了新的事情同样令人烦闷：可知失望的真原因并不在此。再拿《传道书》所举的事实来说："江河都往海里流，海却不满；江河从来处来，仍向来处去。"这等见解当作悲观主义的论据说来，是认为旅行不是一桩愉快的事。人们暑天到疗养地去，临了仍向来处回去。这却并不证明到疗养地去是枉空的。假如流水能有感觉，对于那种探险式的循环往复也许会觉得好玩，有如雪莱诗中的云彩[3]一般。至于把遗物留给后裔的痛苦，那是可以从两个观点来看的：拿后裔的观点来说，这种递嬗显然不是如何不吉的事。世间万物都得消逝这事实，本身也不足为悲观主义的根据。假令现有的事物将被较劣的事物来承

1 《传道书》当然不是所罗门王所作，兹从俗用以指《传道书》的作者。——原注

2 古国名。

3 按雪莱有一首诗题目就叫作《云》。

继，那倒可能做悲观主义的凭借，但若将来的事情是较优的话，岂不反使我们变得乐天？倘真如所罗门所说，现在的事物将由同样的事物替代，那我们又该怎么想？难道这就使整个的递嬗成为虚空了吗？当然不！除非循环里面各个不同的过程是给人痛苦的。（那么所谓变化非但换汤不换药，且还增加苦难：要变化做甚？）瞻望未来而把“现在”的整个意义放在它所能带来的“未来”上面：这种习惯是有害的。倘部分没有价值，整个也不能有价值。在戏剧里，男女主角遭着种种难于置信的危难，然后吉庆终场：人生可不能用这种观念去设想的。我过我的日子，我有我的日子，我的儿子承继下去，他有他的日子，将来再有他的儿子来承继他。在此种种里面，有什么可以造成悲剧呢？相反，倘我得永远活下去，人生的欢乐临了倒势必要变得乏味。唯其因为人生有限，人生的乐趣才永远显得新鲜。

> 我在生命之火前面烘我的双手；
> 等到火熄时，我就准备离去。

这种态度实在和对死亡表示愤慨同样合理。因此，如何心境可由理智决定，那么使我们欢悦的理由，当和使我们绝望的理由一样多。

《传道书》派是悲痛的：克鲁奇氏的《近代心理》是凄怆的。他的悲哀，骨子里是因为中古时代的确切无疑的事情，以及较为近代的确切无疑之事一齐崩溃了的缘故。他说：“至于现在这个不快乐的时代，一方面充满着从死的世界上来的幽灵，一方面连自己的世界还未熟悉；它的困境正和青年人的困境相仿：他除了把童年所曾经历的神话作为参考之外，尚未知道在世界上如何自处。”把这种论见来应用在某一部分的智识阶级身上是对的。换言之，有些受过文学教育的人，对近代世界茫无所知，并因青年时惯于把信仰建筑在感情上，所以如今无法摆脱那为科学的世界不能满足的“安全”与“保障”的幼稚欲望。克鲁奇氏，如大半的文人一样，心中老是有一个念头，认为科学不曾履行它的诺言。当然他不曾告诉我们所谓诺言究竟是什么，但他似乎认定，六十年前像达尔文、赫胥黎辈的人，对于科学固曾期望一些事情而今日并未实现。我想这完全是一种幻象，上了一般作家和教士的当，他们因为不愿人家把他们的专长当作无足重轻，所以张大其辞地助成这幻象。眼前世间有许多的悲观主义者，固是事实。只要在多数人的收入减少的时候，总会有大批悲观者出现。不错，克鲁奇是一个美国人，而美国人的收入是因上次大战而增加的，这似乎与我上面的说话冲突；然而在整个欧罗巴的大陆上，智识阶级的确大大地受了灾难，再加大战使每个人有不安定的感觉。这等社会原因之于时代的心境，其作用之大，远过于以世界的本质作根据的悲观理论。虽然克鲁奇惋惜不置的信仰，在十三世纪的确被大多数人（除了帝王和意大利少数的贵族）维护着，可是历史上究竟很少时代像十三世纪那样令人绝望的了。罗杰·培根[1]就说过：“我们这时代的罪恶横流，远过于以往的任何时代；而罪恶与智慧是不两立的。让我们来看看世界上的一切情形罢：我们将发现无法无天的堕落，尤其是在上者……淫欲使整个宫廷名誉扫地，贪得无厌主宰了一切……在上的是如此，

1 罗杰·培根（约1214—1293），13世纪时英国僧侣，中古时代实验哲学的代表之一。

在下的还用说吗？瞧那般主教之流，他们怎样的孜孜逐利而忘记了救治灵魂啊！……再看那些教会的宗派：我简直一个都不放在例外。它们离经叛道到何等田地。即是新成立的教派（托钵僧）也已大大地丧失了初期的尊严。所有的教士专心一意于骄傲、荒淫、悭吝：只要他们举行什么大会，不问在巴黎或牛津，他们之间的斗争、诟骂，以及其他的劣迹，使所有教外的人痛心疾首……没有一个人顾虑自己的行为，也不问用的是什么手段，只消能满足贪欲。”述及古代的[1]异教哲人时，他说：“他们的生活强似我们的程度，直不可以道里计，不论在廉耻方面，在轻视人世方面，在喜乐、财富、荣誉等方面；那是我们可在亚里士多德、柏拉图、苏格拉底各家的著作中读到的，他们就是这样地获得了智慧的密钥，发现了一切的知识。”罗杰·培根的见解，也便是与他同时代的全体文人的见解，没有一个人欢喜他所处的时代的。我从不相信这种悲观主义有什么形而上的原因。原因只是战争、贫穷与暴行。

克鲁奇氏的最悲怆的篇章之一，是讨论爱情问题的。仿佛十九世纪维多利亚时代的人把爱情看得很高，但我们用着现代的错杂的目光把它看穿了。“对于维多利亚时代大半的怀疑主义者，爱情还代表神执行着一部分的工作。神，他们早已不信；但面对着爱情，连心肠最硬的人也会立时染上神秘色彩。任何旁的东西都不能唤醒他们崇敬的感觉，爱情却能；他们从心灵深处觉得，绝对的忠诚是应该献给爱情的。他们以为爱情和上帝一样，需要一切的牺牲；但也像上帝一样，爱情酬赏信徒的辰光，会对

1 按系指希腊古代。

人的现象赋予一种无从分析的意义。我们对于一个无神的宇宙，比他们更觉习惯，但我们尚未习惯一个无爱的宇宙。而我们不到这一步，就不会明白无神论的真正意义。”奇怪的是：所谓维多利亚时代[1]，在我们此时的青年人心目中，和生在当时的人的心目中，面目完全两样。我记得有两位我年轻时很熟的老太太，都是那时代某些特征的代表人物。一个是清教徒，一个是伏尔泰派。前者叹息“多少的诗歌都以爱情为对象，不知爱情是一个毫无趣味的题材”。后者的意见却是：“没有人能议论我什么长短，但我一向说破坏第七诫[2]不像破坏第六诫[3]那样罪孽深重，因为那至少要得到对方同意。”这两种见解，和克鲁奇氏当作典型维多利亚风而描绘下来的都不尽同。克鲁奇氏的观念，显然是从某些根本与环境不融合的作家身上推演出来的。最好的例子，我可以举出罗伯特·勃朗宁[4]。然而我不免相信他所设想的爱情多少有些迂腐。

> 感谢上帝，他的造物之中最平庸的也以具有两副脸相自豪。
>
> 一副用以对付社会，一副用以对付他所爱的女人！

意思之中，这无异说战斗是对付一般社会的唯一可能的态度。为什么？因为社会是残酷的，勃朗宁会说。因为社会不愿照着你自己的估价而容纳你，我们会说。一对夫妇可能形成两个互相钦佩

1　按系指1838年起至19世纪末叶英国维多利亚女皇御极的时代。

2　按系戒淫。

3　按系戒杀。

4　罗伯特·勃朗宁（1812—1889），英国诗人。

的伴侣，像勃朗宁夫妇[1]那样。有一个人在你身旁。随时准备来赞美你的工作，不管它配不配，那当然是挺愉快的。当勃朗宁声色俱厉地指斥菲茨杰拉德[2]胆敢不赞赏勃朗宁夫人的大作《奥萝拉·利》时，他一定觉得自己是一个出色的、有丈夫气的男子。这种夫妇双方都把批评精神收藏起来的办法，我总不觉得可以佩服。那是表现畏惧的心理、想躲避大公无私的冷酷的批评。许多老年的独身者躲在火炉旁边，其实也是为了同样的理由。我在维多利亚时代过的日子太长了，决不能照着克鲁奇的标准成为一个现代人。我毫未失去对爱情的信仰，但我所信仰的爱情绝非维多利亚时代的人所赞美的那种；说明白些，是含有冒险意味而又带着明察的目光的爱情，它尽管使人认识善，可不连带宽恕恶，它也不自命为神圣或纯洁。从前，受人赞叹的爱情，所以被加上“神圣”“纯洁”等的德性，实在是性的禁忌的后果。维多利亚时代的人，深信大半的性行为是恶的，故不得不在他们所拥护的那种性行为上面，装点许多夸大的形容词。性的饥渴，在当时远比现在为强烈，这就促使一般人把性的重要性大大地夸张，正如禁欲主义者的老办法一样。如今我们正逢着一个混沌的时代，许多人一方面推翻了旧标准，一方面还没获得新标准。这情形给他们招致了各式各种的烦恼，且因他们的潜意识依旧相信着旧标准，所以一朝烦恼来时，就产生了绝望、内疚和玩世主义。我不以为这种人在数量上值得我们重视，但他们确是在今日最会叫嚷的一群里面。假令我们把现代的和维多利亚时代的小康的青年人

1 按勃朗宁夫人为有名女作家，夫妇爱情弥笃，素为文坛佳话。

2 菲茨杰拉德（1809—1883），19世纪英国诗人。

通扯着来考察一下，可以发现从爱情方面得到的幸福，今日远比六十年前为多，对于爱情的价值，今日也比六十年前有更真切的信仰。某些人之所以玩世不恭，实在因为他们的潜意识始终受着旧观念的霸主式的控制，因为缺少那种可以调整行为的合理的伦理观。救治之道并不在于呻吟怨叹、思念以往，而是要勇敢地接受当前的局势，下决心把名义上已经丢弃了的迷信，从暧昧的隐处连根拔去。

何以我们重视爱情这问题，要简短地说明是不容易的；可是我仍想尝试。爱情，首先应认作本身便是欢乐之源——这虽非爱情的最大的价值，但和它的其余的价值比较起来，确是最主要的。

> 喔爱情！他们大大地诬蔑了你，
> 说你的甜蜜是悲苦，
> 殊不知你的丰满的果实，
> 要比什么都更甘美。

写这几句诗的无名作家并不有意为无神论寻求答案，或寻求什么宇宙的密钥，他只是娱乐自己罢了。爱情不但是欢乐之源，并且短少了它还是痛苦之根。第二，爱情之应受重视，因为它增进一切最美妙的享受，例如音乐，山巅的日出，海上的月夜等。一个从未和他所爱的女子一同鉴赏美妙景物的男人，就从未充分领受到神奇景物所能给予的神奇的力量。再则，爱情能戳破“自我”这个坚厚的甲壳，因为它是生物合作的一种，在这合作中间，双方都需要感情来完成对方本能的目标。世界上各个时代有各种提倡孤独的哲学，有的很高尚，有的稍逊。禁欲派和早期的基督徒相信，一个人可不借旁人帮助，单凭自己的意志而达到人类所能达到的至善之域；另一般哲人则把权力看作生命的终极，又有一般却看作纯粹个人的享受。这些都是提倡孤独的哲学，因为它们认定善不但在或大或小的人群中可以完成，即每个孤立的个人也能实现。在我看来，这是错误的，不但在伦理上说，就以我们本能中最优秀的一部的表现来说，也是错误的。人有赖于合作，而且自然赋予我们——固然很不完美——本能的器官，合作所不可或缺的“友谊”就从这本能里肇始的。爱情是导向合作的最原始、最普通的形式，凡是强烈地经验过爱情的人，断不愿接受那宣称人之至善和他所爱者的至善不相关涉的哲学。在这一点上，父母对子女的感情或许还要强烈，但父母爱子女的最高表现，乃是父母之间相爱的结果。我不说爱情在最高的形式上是有普遍性的，但我断言，爱情在最高的形式上的确表现出任何旁的东西无法表现的价值，并且它本身就有一种不受怀疑主义影响的价值，虽然一般不能获得爱情的怀疑主义者，会强把自己与爱情无缘的责任推在怀疑主义头上。

> 真正的爱情是一堆长久的火，
> 永远在心中燃烧，
> 从不病弱，从不死亡，从不冷却，
> 从不转变它的方向。

在此我追随着克鲁奇氏关于悲剧的论见了。他声言（在这一点上我完全同意），易卜生的《群鬼》不及莎士比亚的《李尔王》。“没有一种更强的表现力，没有一种对于辞藻的更大的运用，能把易卜生变成莎士比亚。后者所用以创造他的作品的素材——他的对于人的尊严的观念，对于人的热情的重视，洞察人生广大的目光——不曾也不能在易卜生心中存在，上帝、人、自然界，在莎士比亚与易卜生之间的几百年中，全都缩小了；不但因为近代艺术的写实信条促使我们去寻出平凡的人，且也因为世态的变化使我们注意到人生的'平凡'——而艺术上写实理论的发展便是这世态的变化促成的，我们对世界的观点也唯有靠了这写实理论才能证实。"为了这个缘故，把王子和王子的悲哀做中心的旧式悲剧，不复适合我们这个时代，而若我们用同样的手法去描写一个默默无闻的平常人时，其效果也势必完全两样。然而这原因并不是我们把人生看低之故，相反，倒是我们不再把某些人看作世间的伟人，不再承认唯有他们才配具有悲壮的热情，一切其余的人只配操劳茹苦地替这少数人缔造光华。莎士比亚说：

> 乞丐死时不会有彗星出现，
> 苍穹只替王子的凋亡发光。

在他的时代，这种情操即使不是人间绝对的信念，至少是普遍的，且是莎士比亚自己深信的观点。因此，诗人西拿[1]之死是喜剧的，恺撒、布鲁特斯、卡西乌斯等的死便是悲剧的了。一个"个人"的死，为我们早已失去宇宙性，因为我们不但在外表上，而且在内心里已经变成民主主义者了。现代，崇高的悲剧所应关涉的是集团而非个人。我可举出恩斯特·托勒尔的《群众与人》为

1　按系法国17世纪悲剧家高乃伊的名作之一。

例。它可以媲美过去最优秀的时代里的最优秀的作品：高尚，深刻，实在，处理着英雄式的行为，并像亚里士多德所说的“把读者从怜悯和恐怖中间洗练出来”。这一类的现代悲剧，例子还很少，因为旧的技术和传统必须放弃而不能单用陈调滥套去替代。要写悲剧，必须感觉悲剧。要感觉悲剧，必须意识到自己所生活的世界，不但在头脑里，而且在血管里、肌肉里去意识到。克鲁奇氏在全书中不时提及绝望，他英勇地接受一个荒凉的世界，这种精神确令人感动，但这荒凉是由于他和大半的文人尚未学会怎样用适应新刺激的方式去体验旧情绪。刺激是有的，可不在文学社团里。文学社团和集体生活没有活泼的接触，而这接触是必不可少的，倘若人类的感觉要求严肃与深刻：悲剧和真正的幸福即是渊源于严肃与深刻的。对于那些老觉得世界上无事可为而彷徨的优秀青年，我要说：“丢开写作，竭力想法不要动笔。进入世界，做一个海盗也好，做一个婆罗洲上的王也好，做一个苏俄的劳动者也好；去过一种生活，使低级的生理需求几乎占去你全部的精力。”我并不把这种行动路线推荐给每个人，我只介绍给那般因生活需求太易满足而觉得苦恼的人。我相信，这样的生活经过了几年之后，一个人会发觉写作的冲动再也抑捺不住，那时，他的写作一定不致在他心目中显得虚空了。

03

竞　争

假如你问随便哪个美国人或英国商人，妨害他的人生享受最厉害的是什么，他一定回答说是“生活的斗争”。他这么说确是很真诚，并且相信是如此。这解释，在某一意义上是对的，在另一极重要的意义上是错的。不用说，生活斗争这件事是有的。只要不运气，我们之中谁都会遇到。康拉德小说中的主角福克就是一个例子：在一条破船上的水手中，只有他和另一个同伴持有火器；而船上是除了把别的没有武器的人作为食粮以外再没东西可吃了。当两人把能够同意分配的人肉吃完以后，一场真正的生活斗争开始了。结果，福克打倒了对手，但他从此只好素食了。然而现在一般事业家口中的生活斗争，完全不是这么一回事。那是他信手拈来的一个不准确的名词，用来使根本微不足道的事情显得庄严的。你试问问他，他的朋友们一旦破产之后遭遇到什么。大家都知道，一个破产以后的事业家，在生活的舒适方面，要比一个从来不会有钱到配破产的人好得多。所以一般所谓的生活的斗争，实际是成功的斗争。他们从事战斗时所惧怕的，并非下一天没有早餐吃，而是不能耀武扬威盖过邻人。

可怪的是很少人明白下面这个道理：他们并非被一种机构紧抓着而无可逃避，无可逃避的倒是他们所踹着的踏车，因为他们不曾发觉那踏车不能使他们爬上更高的一层。当然，我是指那些比较高级的事业场中的人，已有很好的收入足够借以生活的人。但靠现有的收入过活，他们是认为可耻的，好比当着敌人而临阵脱逃一般；但若你去问他们，凭着他们的工作对公众能有什么贡献时，他们除了一大套老生常谈，替狂热的生活做一番宣传之外，定将瞠目不知所答。

假定有一个人，他有一所可爱的屋子，一个可爱的妻子，几个可爱的儿女。我们来设想一下他的生活看看。清早，全家好梦犹酣的时候，他就得醒来，匆匆地赶到公事房。在此，他的责任要他表现出一个大行政家的风度：他咬紧牙床，说话显得极有决断，脸上装得又机警又庄重，使每个人——除了公事房听差以外——都肃然起敬。他念着信稿叫人用打字机打下来，和各种重要人物在电话中接谈，研究商情，接着去陪着和他有买卖或他希望谈判一件买卖的人用午餐。同类的事情在下午继续进行。他疲倦不堪地回家，刚刚赶上穿衣服吃夜饭的时间。饭桌上，他和一大批同样疲乏的男人，不得不装作感到有妇女做伴的乐趣，她们还不曾有机会使自己疲倦呢。要几个钟点以后这个男人才获赦免，是无法预料的。末了他终于睡了，几小时内，紧张状态总算宽弛了一下。

这样一个男子的工作生活，其心理状态恰和百码竞走的人的相同；但他的竞走终点是坟墓，所以为百码的途程刚刚适配的精力集中，对于他却迟早要显得过分了。关于儿女，他知道些什么？平日他在办公室里，星期日他在高尔夫球场上。关于妻子，他知道些什么？他早上离开她时，她还睡着。整个的晚上，他和她忙着交际应酬，无法做亲密的谈话。大概他也没有心中契重的男友，虽然他对许多人装着非常亲热。他所知的春季和收获的秋季，不过是能够影响市场这一点；他也许见过外国，但用着厌烦得要死的眼睛去看的。书本于他是废物，音乐使他皱眉。他一年年地变得孤独，注意日益集中，事业以外的生活日益枯索。我在欧洲见过这一类的美国人在中年以后的境况。他带着妻子和女儿游历，显然是她们劝服这可怜的家伙的，教他相信已经到了休假的时候，同时也该使娘儿们有一个观光旧大陆的机会。兴奋出神的母女环绕着他。要他注意吸引她们的特色。极度疲乏极度烦闷的家长，却寻思着此时此刻公事房里或棒球场上所能发生的事情。女伴们终于对他绝望了，结论说男人是俗物。她们从未想到他是她们的贪婪的牺牲者；实在这也并不如何准确，好似欧洲人对印度殉节妇女的看法并不如何准确一样。大概十分之九的寡妇是自愿殉夫的人，准备为了光荣，为了宗教的立法而自焚；美国事业家的宗教与光荣是多多地赚钱，所以他像印度寡妇一样，很乐意地忍受苦恼。这种人若要过得快乐一些的话，先得改变他的宗教。倘他不但愿望成功，并且真心相信“追求成功是一个男子的责任，凡是不这样做的人将是一个可怜的造物”，那么他总是精神过于集中，心中过于烦愁，决计快活不了。拿一件简单的事来说吧，例如投资。几乎个个美国人都不要四厘利息的比较稳当的投资，而宁愿八厘利息的比较冒险的投资。结果常有金钱的损失以及继续不断的烦虑和恼恨，至于我，我所希望于金钱的，不过是闲暇而安全。但典型的现代人所希望于金钱，却是要它挣取更多的金钱，眼巴巴地望着的是场面，光辉，盖过目前和他并肩的人。美国的社会阶梯是不固定的，老是在升降的。因此，一切势利的情绪，远较社会阶级固定的地方为活跃，并且金钱本身虽不足使人伟大，但没有金钱确乎难于伟大。再加挣钱是测量一个人的头脑的公认的标准。挣一笔大钱的人是一个能干的家伙，否则便是蠢汉。谁乐意被认为是蠢汉呢？所以当市场动荡不稳时，一个人的感觉就像青年人受考试时一样。

一个事业家的焦虑内，常有恐惧破产的后果的成分，这恐惧虽不合理，却是真切的。这一点我们应该承认。阿诺德·本涅特[1]书中的克莱亨格，尽管那样的富有，老是在担心自己要死在贫民习艺所里。我很知道，那些幼年时代深受贫穷的苦难的人，常常惧怕他们的孩子将来受到同样的苦难，觉得尽管挣上几百万的家私也难于抵御贫穷那大灾祸。这等恐惧在第一代上大抵是不可避免的，但从未尝过赤贫滋味的人就不会这样了。无论如何，惧怕贫穷究竟还是问题里面较小的与例外的因子。

过于重视竞争的成功，把它当作幸福的主源，这就种下了烦恼之根。我不否认成功的感觉使人容易领会到人生之乐。譬如说，青年时代一向默默无闻的一个画家，一朝受人赏识时，似乎要快乐得多。我也不否认金钱在某程度内很能增进幸福，但超过了那个程度就不然了。我坚持：成功只能为造成幸福的一分子，倘牺牲了一切其余的分子去赢取这一分子，代价就太高了。

这个弊病的来源，是事业圈内得势的那种人生哲学。在欧洲，别的有声威的团体的确还有。在有些国家，有贵族阶级；在一切的国家，有高深的技术人员；除了少数小国以外，海陆军人

1 阿诺德·本涅特（1867—1931），英国近代小说家，以描写工业区域的题材著称。

又是受到尊敬的人物。虽然一个人无论干何种职业总有个争取成功的元素，但同时，被尊敬的并非就是成功，而是成功赖以实现的卓越。一个科学家可能挣钱，也可能不挣钱；他挣钱时并不比他不挣钱时更受尊敬。发现一个优秀的将军或海军大将的贫穷是没有人惊奇的，的确，在这种情形之下的贫穷，在某一意义上还是一种荣誉。为了这些理由，在欧洲，纯粹逐鹿金钱的斗争只限于某些社团，而这些社团也许并非最有势力或最受尊敬的。在美洲，事情就不同了。公役在国民生活中的作用太小了，毫无影响可言。至于高深的技术，没有一个外行能说一个医生是否真正懂得很多医学，或一个律师是否真正懂得很多法律，所以从他们的生活水准上来推测他们的收入，再用收入来判断他们的本领学识，要容易得多。至于教授，那是事业家雇佣的仆人，所以不比在较为古老的国家内受人尊敬。这一切的结果是，在美国，专家模仿事业家，却绝不能像在欧洲那样形成一个独立的社团。因此在整个的小康阶级内，那种为金钱的成功所做的艰苦的斗争，没有东西可以消解。

美国的男孩子，从很小时起就觉得金钱的成功是唯一重要的事，一切没有经济价值的教育是不值一顾的。然而教育素来被认为大部分是用以训练一个人的享受能力的，我在此所说的享受，乃是指全无教育的人所无法领略的，比较微妙的享受。十八世纪时，对文学、绘画、音乐能感到个别的乐趣，算是“缙绅先生”的特征之一。处于现代的我们，尽可对他们的口味不表同意，但至少那口味是真实的。今日的富翁却倾向于一种全然不同的典型。他从不看书。假如他为了增高声名起计而在家里造一间绘画陈列室时，他把选画的事完全交托给专家，他从画上所得的乐趣并非是观赏之乐，而是旁的富翁不复能占有这些图画之乐。关于音乐，碰到这富翁是犹太人的话，那他可能有真正的欣赏；否则他在这方面的无知，正如他在旁的艺术方面一模一样。这种情形，结果使他不知如何应付他的闲暇。既然他越来越富，挣钱也越来越容易，最后，一天五分钟内所挣来的钱，他简直不知怎样消费。一个人成功的结果，便是这样的彷徨失措。“把成功作为人生的目标”这观念在你心中存在多久，悲惨的情形也存在多久。成功的实现势必令你挨受烦闷的煎熬，除非你先懂得怎样去处置成功。

竞争的心理习惯，很易越出范围。譬如，拿看书来说。看书有两个动机，一个是体会读书之乐，另外一个是作夸口之用。美国有一种风气，太太们按月读着或似乎读着某几部书，有的全读，有的只读第一章，有的只读杂志上的批评，但大家桌上都放着这几部作品。可是她们并不读巨著。读书俱乐部从未把《哈姆雷特》或《李尔王》列入“每月选书”之内，也从没一个月显得需要认识但丁。因此她们的读物全是平庸的现代作品而永远没有名著。这也是竞争的后果之一，不过这或者并不完全坏，因为这些太太们，倘不经指导，非但不会读名著，也许会读些比她们的文学牧师或文学大师代选的更糟的书。

现代生活所以如是偏重于竞争，实在和文化水准的普遍的低落有关，就像罗马帝国时代奥古斯丁大帝以后[1]的情形一般。男男女女似乎都不能领会比较属于灵智方面的乐趣。譬如，一般的谈话艺术，为十八世纪的法国沙龙磨炼到登峰造极的，距今四十年

1　按系公元1世纪后。

前还是很活泼的传统。那是一种非常优美的艺术，为了一些渺茫空灵的题材，使最高级的官能活跃。但现代谁还关切这样有闲的事呢？五十年或一百年前，优美的文学智识，在有教育的人中间是极普遍的，如今只限于少数教授了。一切比较恬静的娱乐都被放弃。曾经有几个美国学生陪我在春天散步，穿过校旁的一座森林，其中满着鲜艳的野花，但我的向导中间没有一个叫得出它们的名字，甚至一种野花都不认识。这种智识有什么用呢？它又不能增加任何人的收入。

病根不单单伏在个人身上，所以个人也不能在他单独的情形内阻止这病象。病根是一般人所公认的人生哲学，以为人生是搏斗，是竞争，尊敬是属于胜利者的。这种观点使人牺牲了理性和思悟，去过度地培养意志。或许我们这么说是倒果为因。不问竞争的起源究竟如何，这些爱权势不爱聪明的现代恐龙，的确有了空前的成功，普遍地被人模仿：他们到处成为白种人的模型，这趋势在以后的百年中似乎还要加强。然而那般不迎合潮流的人大可安慰，只要想到史前的恐龙最后并未胜利：它们互相残杀，把它们的王国留给聪明的旁观者承受。我们现代的恐龙也在自杀。平均而论，他们之中每对夫妇所生的儿女不到两个，他们对于人生并没有相当的乐趣可使他们愿望生男育女。那批对人生的瞻望使他们如是不快，以致不愿生孩子的人，在生物学上看来是受了死刑的宣判。多少年后，他们一定要被更快乐、更欢畅的人替代。

竞争而当作人生的主体，确是太可怕、太执拗，使肌肉太紧张，意志太专注，倘用作人生的基础的话，决不能持续到一二代。之后，定会产生神经衰弱，各种遁世现象，和工作同样紧张同样困难的寻欢作乐（既然宽弛已成为不可能），临了是因不育之故而归于灭亡。竞争哲学所毒害的，不止工作而已，闲暇所受到的毒害也相等。凡能恢复神经的，恬静的闲暇，在从事竞争的人看来是厌烦的。继续不断的加速度变得不可避免了，结果势必是停滞与崩溃。救治之道是在“保持生活平衡”这个观念之下，接受健全而恬静的享受。

04

论烦闷与兴奋

烦闷，以人类行为的一个因子而论，我觉得太不受人重视了。我相信，它曾经是历史上各时代中重要动力之一，在今日尤其如此。烦闷似乎是人类独有的情绪。野兽被拘囚时，固然是无精打采，踱来踱去，呵欠连连，但在自然的情态中，我不信它们有类乎烦闷的境界。它们大半的时间用在搜索敌人或食物，或同时搜索两者；有时它们交配，有时设法取暖。但即使它们在不快乐的辰光，我也不以为它们会烦闷。也许类人猿在这一点上像在许多旁的事情上一样同我们相似，但我既从未和它们一起过活，也就无从实验了。烦闷的特色之一，是眼前摆着“现状”，想象里又盘旋着“另外一些更愉快的情状”，两者之间形成一个对照。烦闷的另一要素，是一个人的官能必不专注于一事一物。从要你性命的敌人那里逃跑，我想当然是不愉快的，但决不令人烦闷。一个人逢到引颈待戮的时候不会觉得烦闷，除非他有超人的勇气。在类似的情形中，没有人在初进上院的处女演说中间打呵欠——除了已故的特洪夏公爵，他是为了这件出人意料的举动而赢得上院同僚的敬重的。烦闷在本质上是渴望发生事故，所渴望的不一定是愉快的事情，只要是一些事情，能使烦闷的人觉得这一天和别一天有些不同就行。一言以蔽之，烦闷的反面不是欢娱，而是兴奋。

兴奋的欲望在人类心中是根深蒂固的，尤其是男性。我猜想，这欲望在狩猎社会的阶段里要容易满足得多。行猎是兴奋的，战争是兴奋的，求偶是兴奋的。一个野蛮人，遇到一个身旁有丈夫睡着的女人，就会设法犯奸，虽然他明知丈夫一醒他便要送命。此情此景，我想决不令人纳闷儿。但人类进入农业阶段时，生活就开始变得黯淡乏味了，只有贵族还留在狩猎的阶段直到如今。我们听到很多关于机械管理如何可厌的话，但我想旧式耕作的农业至少也同样可厌。的确，我和一般博爱主义者抱着相反的见解，以为机械时代大大地减少了世界上的烦闷。以薪水阶级论，工作时间是不孤独的，夜晚又可消磨在各种娱乐上面，而这在老式的乡村中是不可能的。再看中下阶级的生活变化。从前，晚饭以后，当妻女们把一切洗涤打扫完后，大家团团坐下，来享受那所谓“快乐的家庭时间”。那就是：家长蒙眬入睡，妻子编织着活计，女儿们却在暗暗赌咒，宁愿死去或者到北非洲去。她们既不准看书，又不准离开房间，因为在理论上说，那时间是父亲和女儿们谈话的，而谈话必然是大家的乐趣所在。倘使运气，那么她们终于嫁了人，有机会使她们的孩子挨受一个和她们挨受过来的同样黯淡的青春。倘使不运气，她们便慢慢地走上老处女的路，也许最后变成憔悴的淑媛贤女——这种残酷的命运，和野蛮人赏给他们的牺牲者的毫无分别。估量百年前的社会时，我们必然感到这副烦闷的重担，并且在过去越追溯上去，烦闷的程度也越厉害。想想中古时代一个村落里的冬天的单调吧。

人们不能读，不能写，天黑以后只有蜡烛给他们一些光，只有一个房间不算冷得彻骨，却满着炉灶的烟。乡里的路简直无法通行，所以一个人难得看见别个村子里的什么人。“赶女巫”的游戏，成为消遣严冬的唯一的方法，促成这种游戏的原因固然很多，但烦闷一定是其中重要的一个。

我们不像我们祖先那样烦闷得厉害，但更加怕烦闷。我们终于知道，更准确地说是相信：烦闷并非一个人自然的命数，而是可以逃避的，逃避之法便是相当强烈地去追求刺激。现在，少女们自己谋生，而且赚很多的钱，为要能在晚上寻求刺激，逃避当年祖母们不得不忍受的“快乐的家庭时间”。凡是能住在城里的人都住在城里；在美国，不能住在城里的却有一辆汽车，或至少是摩托车，把他们载往电影院。不用说，他们家里都有收音机，青年男女的会面，远没从前困难了。简·奥斯汀[1]的女主角在整部小说里巴望着的刺激，现在连女仆都可以希望每周至少有一次。我们在社会阶梯上越往上爬，刺激的追逐便越来越剧烈。凡有能力追逐的人，永远席不暇暖地到处奔波着，随身带着欢悦、跳舞、吃喝，但为了某些缘故，他们老希望在一个新的地方享用得更痛快。凡是不得不谋生的人，在工作时间内势必要有他们的一份烦闷，但一般富有到可以无须工作之辈，就过着远离烦闷的生活，算作他们的理想了。这的确是一个美妙的理想，我也决不加以非议，但我怕像别的理想一样，这桩理想的难于实现，远非理想家始料所及。总之，越是隔夜过得好玩，越是明朝显得无聊。而且将来还有中年，可能还有老年。在二十岁上，人们以为

1 简·奥斯汀（1775—1817），18世纪英国女小说家。

到三十岁生活便完了。我现在已经五十八岁，却再不能抱这种观念。也许把一个人的生命资源当作经济资源般消费是不智的。也许烦闷之中的某些元素是人生必不可少的因子。逃避烦闷的愿望是天然的，不错，个个种族在有机会时都表现出这个愿望。当野蛮人初次在白种人手里尝到酒精时，他们毕竟找到了一件法宝，可以逃避年代久远的烦闷了，除非政府干涉，他们会狂饮以死。战争、屠杀、迫害，都是逃避烦闷的一部分，甚至跟邻居吵架似乎也比长日无事要好过些。所以烦闷是道学家所应对付的主要问题，因为人类的罪恶至少半数是从惧怕烦闷来的。

虽然如此，我们不该把烦闷当作完全是坏的。烦闷有两种：一种是生产的，一种是令人愚蠢的。生产的那一种是由于不麻痹（不麻痹方有烦闷），令人愚蠢的一种是由于缺乏有生机的活动（缺乏有生机的活动亦是造成烦闷的原因）。我不说“麻痹”不能在生活中发生任何良好的作用。譬如，一个明哲的医生有时要在药方上开列麻醉剂，而这种时候，我想要远比提倡禁用论者所想象的为多。但渴望麻痹绝不是一件可以听任自然的冲动而不加阻遏的事情。一个惯于麻醉的人在缺乏麻醉时所感到的烦闷，只有时间可以消解。可以适用于麻痹的理论，同样可适用于各种刺激。兴奋过度的生活是使人筋疲力尽的生活，它需要不断加强的刺激来使你震动，到后来这震动竟被认为是娱乐的主要部分。一个惯于过度兴奋的人，仿佛一个有胡椒瘾的人，谁都受不住的分量，在他简直连味道都不曾尝到。烦闷，有一部分是和逃避过度的兴奋有密切关联的，而过度的兴奋不但损害健康，抑且使口味对一切的快感变得麻木，酥软代替了感官的酣畅的满足，巧妙代替了智慧，参差不齐代替了美。我并不想把反对兴奋的议论推之极端。分量相当的兴奋是滋补的，但像几乎所有的东西一般，分量对于利弊有着极大的出入。刺激太少，产生病态的嗜欲；刺激太多，使人精力枯竭。所以忍受烦闷的能耐，对于幸福生活是必要的，是应该教给青年人的许多事情之一。

一切伟大的著作含有乏味的部分，一切伟大的生活含有沉闷的努力。假定《旧约》是一部新的原稿，初次送到一个现代美国出版家手里，他的批评我们不难想象得之。关于谱系部分，他大概会说："亲爱的先生，这一章缺少刺激。你不能希望一大串事迹讲得极少的人名引起读者兴味。你的故事用了很优美的风格开场，我承认，最初我颇有些好印象，但你太想把故事全盘托出了。取出精华，删掉废料，等你把全书的篇幅节略到合乎情理时，再拿回给我吧。"现代出版家这么说着，因为他识得现代读者的畏惧烦闷。对于孔子的名著、《可兰经》、马克思的《资本论》，以及一切销行最广的经典，他都可说同样的话。而且不止神圣的典籍，一切最好的小说都有沉闷的篇章。一本从头至尾光芒四射的小说，几乎可断定不是一部佳作。即是伟人们的生活，除了少数伟大的时期以外，也很少令人兴奋的地方。苏格拉底不时可以享用一顿筵席，且当毒药在肚里发作的时候，他的确从和门徒的谈话里得到很大的满足[1]，但他大半的生涯，是和妻子安静地过着日子，下午做一次散步，路上或者遇到几个朋友。康德相传终生未尝走出故乡十里以外。达尔文周游世界以后，余下的时间都是在家里消磨的。马克思掀动了几处革命以后，决意在不列颠博物馆中度他的余年。从全体看来，安静的生活是大人物的特

1 苏格拉底被判死刑后是仰毒的，但他饮了毒酒以后，仍和门徒谈笑自若。

征，他们的喜乐也不是外人心目中认为兴奋的那一种。一切伟大的成就必须历久不懈的工作，其精神贯注与艰难的程度，使人再没余力去应付狂热的娱乐，在假日用来恢复体力的运动当然除外，攀登阿尔卑斯便是一个最好的例子。

忍受单调生活的能力，应该自幼培养。在这一点上，现代父母大大该受责备：他们供给儿童的被动的娱乐实在太多，例如电影与珍馐之类，他们不懂得平淡的日子对儿童是如何重要，过节一般的日子只好难得有的。儿童的娱乐，在原则上应当让他用一些努力和发明，从他的环境中自己去创造出来。凡是兴奋的，同时不包括体力运动的娱乐，如观剧等等，决不可常有。刺激在本质上便是麻醉品，使人的瘾越来越深，而兴奋时间的肉体的静止，又是违反本能的。倘使让一个孩子，像一株植物一般在本土上自生自发，其长成的结果一定极其圆满。太多的旅行，太多复杂的印象，不适宜于青年人，徒然使他们长大起来不耐寂寞，殊不知唯寂寞才能生产果实。我不说寂寞本身有何特点，我只说某些美妙的事物，没有相当的寂寞单调就不能享受。譬如拿华兹华斯的名诗《序曲》来说，每个读者都能觉得，这首诗在思想与感觉上的价值，一个心思错杂的都市青年决不能领会。一个男孩子或青年人，若抱着严肃而有建设性的目标，一定甘心情愿地忍受大量的烦闷，要是必需的话。但若过着一种心思散漫，纵情佚乐的生活，一个青年人的头脑里就难于孕育有建设性的目标。因为在此情形中，他的念头所贯注的将是未来的欢娱，而非遥远的成就。为了这些缘故，不能忍受烦闷的一代，定是人物渺小的一代，和自然的迟缓的进行脱去了联系，每个有生机的冲动慢慢地枯萎，好比瓶花那样。

我不爱用神秘玄妙的辞藻，但我心中的意思，倘不用多诗意而少科学意味的句子，简直难于表白。不论我们如何想法，我们总是大地之子。我们的生活是大地生活之一部分，我们从大地上采取食粮，与动植物一般无二。自然生活的节奏是迟缓的，对于它，秋冬之重要一如春夏，休息之重要不下于动作。必须使人，尤其是儿童，和自然生活的涨落动定保持接触。人的肉体，经过了多少年代，已和这个节奏合拍，宗教在复活节的庆祝里就多少包含着这种意义。我小时候一向被养在伦敦，两岁时初次给带到绿野去散步，时节是冬天，一切潮湿而黯淡。在成人的目光中，这种景色毫无欢乐可言，但孩子的心却沉浸在奇妙的沉想中了：我跪在潮润的地上，脸孔紧贴着草皮，发出不成音的快乐的呼声。那时我所感到的快乐是原始的、单纯的、浑然一片的。这种官能的需要是非常强烈的，凡是在这方面不获满足的人难得是一个完全健全的人。许多娱乐，本身没有这种与大地接触的成分，例如赌博。这样的娱乐一朝停止时，一个人就感到污浊与不满，似乎缺少了什么，但缺少的究竟是什么，连他自己也不知道。可能称作“欢悦”的成分，这种娱乐决不能给你。反之，凡使我们接触大地生活的游戏，本身就有令人深感快慰的成分。它们停止时，带来的快乐并不跟着消灭，虽然它们存在时，快乐之强烈不及更为兴奋的行乐。这种区别，从最单纯的到最文明的行为，都一样存在。我刚才提及的两岁的孩子，表现着与大地生活合一的最原始的形式。但在较高级的形式上，同来的情境可在诗歌中发现。莎士比亚的抒情诗所以卓绝千古，就因为其中充满着和两岁的幼儿拥抱绿草时同样的欢乐。“听，听，那云雀”，这种名句里面，不就包含着和婴孩只能用不成音的叫喊来表现的相同的情绪？或者，再考虑一个爱情和单纯的性行为中间的区别。爱情使我们整个的生命更新，正如大旱之后的甘霖对于植物一样。没有爱的性行为，却全无这等力量。一刹的欢娱过后，剩下的是疲倦、厌恶，以及生命空虚之感。爱是自然生活之一部分，没有爱的性行为可不是的。

现代都市居民所感受的特殊的烦闷，即和脱离自然生活有着密切的关系。脱离了自然，生活就变得燠热，污秽，枯燥，有如沙漠中的旅行。在那些富有到能够自择生活的人中间，不可忍受的烦闷，是从——不管这种论调显得如何奇特——惧怕烦闷来的。为了逃避那富有建设性的烦闷，他们反而堕入另一种更可怕的烦闷。幸福的生活，大半有赖于恬静，因为唯有在恬静的空气中，真正的快乐才能常住。

05

疲　劳

疲劳有许多种，从妨害幸福一点上着眼，有几种疲劳要比别的几种更严重。纯粹肉体的劳顿，只要不过度，倒多少是快乐的因子；它使人睡眠酣畅，胃口旺盛，对于假日可能有的娱乐觉得兴致勃勃。但劳顿过度时就变成严重的祸害了。除了最进步的社会以外，地球上到处的农家妇女三十岁上便老了，被过度的劳作弄得筋疲力尽。工业社会的早期，儿童的发育受着阻碍，往往在幼年就劳役过度而夭折。在工业革命上还是新进的中国和日本，这种事情现在还有；在某程度内，连美国南方的几州也仍不免。超过了相当限度的肉体劳作，实在是残酷的刑罚，而事实上常有那样的苦役，使人生几于无法挨受。虽然如此，在现代世界上最进步的几个地方，由于工业状况之改进，肉体的疲劳已大为减轻。今日，进步的社会里最严重的一种疲劳，乃是神经的疲劳。奇怪的是，抱怨这种疲倦的呼声，最多来自小康阶级、事业家和劳心者，在薪工阶级里倒反而少。

要在现代生活中逃避神经的疲惫，是一件极难的事。第一，在整个的工作时间，尤其在工作时间与在家时间的空隙内，一个都市工作者老是受着声音的烦扰，固然，大半的吵闹他已学会不去理会，但仍旧免不了受它磨折，特别因为他潜意识里努力想不去听它之故。还有我们不觉察的别的令人疲惫的事情，就是永远遇着生人。像别的动物一般，人的本能永远暗中窥探着和他同种族的生客，以便决定用友善的抑或敌意的态度去对付。但在忙碌时间在地下铁道上旅行的人，不得不把这本能抑压下去，抑压的结果，使他对一切不由自主要接触到的陌生人感到无限的愤怒。此外还有赶早车的匆忙，连带着消化不良。所以等到进公事房，一天的工作刚开始时，这个穿黑衣服的工作者，神经已经疲惫，很易把人类看作厌物了。抱着同样心境到来的雇主，绝对不去消除雇员的这种倾向。为了惧怕开差，他们只得装着恭顺的态度，但这勉强的举动使神经格外紧张。倘若雇员可以每周扯一次雇主的鼻子，用另一种态度把他们心里对他的想法讲出来，那么他们紧张的神经或会松弛下来，但为雇主着想，这办法仍旧解决不了问题，因为他也有他的烦恼。恐惧破产之于雇主，正如恐惧开差之于雇员。固然，颇有一般地位稳固、毋庸担心的人，但要爬到这样高的位置，先得经过多少年狂热的斗争，在斗争期间对社会各部门的事故必须了如指掌，对竞争者的计谋的不断地挫败。这一切的结果是，等到完满的成功来到时，一个人的神经早已支离破碎，长时间的惯于操心，使他在无须操心时仍旧摆脱不掉那习惯。富翁的儿子们，固然可以说是例外了，但他们往往自己制造出烦虑，和自己并非生而富有时所将感到的痛苦一样。由于赌博，他们招致父亲的憎厌；由于追逐欢娱而熬夜，他们糟蹋身体；等到一朝安定下来时，已经和从前父亲一样没有能力享受快乐了。有的甘心情愿，有的不由自主，有的咎由自取，有的迫不得已，总之，现代的人大半过着神经破裂的生活，永远疲劳过度，除了乞灵于酒精之外，不复能有所享受。

且把这批疯癫的富翁丢过一边，让我们来谈谈为了谋生而疲乏的比较普遍的情形吧。在这等情形内，疲劳大部分是由烦恼而来，而烦恼是可用较为高明的人生哲学和较多的精神纪律来免除的。多数男女极缺少控制自己思想的能力。我的意思是说，他们不能在对烦恼之事无法可施的时候停止思想。男人把事业上的烦恼带上床，夜里照理应该培养新鲜的力量去应付明日的难题，他们却把眼前一无法想的题目在脑筋里左思右想，盘算不休，而这思想的方式，又不是替明日的行为定下清楚的方针，而是失眠时所特有的病态的胡思乱想。半夜疯狂的残余，一直留到下一天早上，把他们的判断力弄迷糊了，把他们的心情弄坏了，一不如意就大发雷霆。一个明哲之士，只在有目的时候才思索他的烦恼；在旁的时候，他想着旁的事情；倘使在夜里，他就什么都不想。我并不说，在大风潮中，当倾家荡产显得不可避免时，或一个丈夫明知妻子欺骗了他时，仍可能（除非少数特别有纪律的头脑）在无计可施时停止思想。但很可能把日常生活中的日常烦恼，在需要应付的时间以外，置之脑后。在适当的时间思索一件事情，而不在任何时间胡思乱想：培养这么一副有秩序的头脑，对于幸福与效率两者都能有惊人的作用。当你需要把一个困难的或令人愁虑的问题下一决断时，全部的材料一到手，就立刻运用你最好的思想去应付并且决定；决定之后，除非再有新事实发现，再勿重新考虑。迟疑不决最是磨折人，也最是无裨实际。

另一个方法可以消除多数的烦恼，就是明白那使你操心的事根本无关重要。我曾有一时做着无数的公共演讲。最初，每一场听众都令我害怕，慌张的心绪使我讲得很坏。对此窘境的惧怕，竟使我老是希望在讲演之前遇到什么意外，讲过以后我又因神经紧张而疲倦不堪。慢慢地，我教自己觉得我演讲的好坏根本无足重轻，宇宙决不因我演说的优劣而有所改变。于是我发觉，越是不在乎讲得好与坏，我越是讲得不坏，神经紧张慢慢减退，几乎完全没有了。许多的神经疲惫，可以用这种方法对付。我们的行为并不像我们假想的那么重要。归根结底，我们的失败或成功并没什么了不得，甚至刻骨铭心的忧伤也打不倒我们。似乎要结束我们终生幸福的烦恼，会随着悠悠的岁月而黯淡，后来连烦恼的锋利也几乎淡忘了。但在这些自我中心的考虑以外，还有一项事实应得注意，即一个人的“自我”并非世界上一个重要的部分。一个人而能把希望与思念集中在超越自己的事情上，必能在日常生活的烦恼中获得安息，而这是纯粹的唯我主义者所办不到的。

可能称作神经卫生的问题，一向被研究得不够。工业心理学，的确在疲劳方面用过探讨功夫，并用详细的统计来证明，倘若一件事情做得相当长久，结果必令人疲乏——其实这结果是无须那么多的科学炫耀便可猜想而知的。心理学家的疲劳研究，主要只限于肌肉的疲劳，虽然他们也考虑若干学童的疲劳问题。然而这些研究中没有一种触及重要的题目。在现代生活里成为重要的一种疲倦，总是属于情绪方面的；纯粹的智力疲惫，如纯粹的肌肉疲惫一样，可因睡眠而获救济。无论哪一个劳心者，倘他的工作不涉感情（譬如计算工作），那么每夜的睡眠总可把每天的疲劳一扫而尽。归咎于过度劳作的弊害，实在并不应该由过度的劳作负责，产生弊害的乃是某种烦恼与焦虑。情绪的疲惫之所以困人，是因为它扰乱休息。一个人愈疲乏，就愈不能停止。神经衰败的前兆之一，是相信自己的工作重要无比，一休息就要闯祸。假如我是一个医生，定将教一切觉得自己的工作重要的病人去休假。在我个人知道的例子中，表面上似由工作促成的神经衰败，实在都是情绪困惫所致，神经衰败的人原是为了逃避这种困惫才去埋头工作的。他不愿放弃工作，因为放弃了之后，再没东西可以使他忘记他的不幸了。当然，他的烦恼可能是惧怕破产，那么，他的工作是和烦恼直接有关的了，但在当时，他的忧虑诱使他长时期的劳作，以便蒙蔽他的判断力，仿佛他工作一减少，破产就会来得更早一般。总而言之，使人心力崩溃的是情绪的骚乱而非工作。

研究“烦虑”的心理学并不简单。我已提及精神纪律，即在适当的时间思索事情。这是自有它的重要性的，第一因为它可让人少费心思而做完日常工作，第二因为它可以治疗失眠，第三因为它可以促进决断时的效率和智慧。但这一类的方法不能达到潜意识界或无意识界，而当一桩烦恼是很严重的时候，凡是不能深入意识之下的方法就绝无用处。心理学家曾大大研究过潜意识对于意识的作用，但很少研究意识对于潜意识的作用。而这在心理卫生上是非常重要的，并且，倘使合理的信念果能在潜意识领域内发生作用的话，那么这个作用实在应该懂得。这一点，特别适用于烦虑这问题。一个人很容易在心中思忖，说某种某种的不幸，万一遇到，并不如何可怕，但这种念头单单留在意识界里，就不能在夜间的思虑上起作用，也不能阻止噩梦的来临。我的信念是，一个意识界里的念头可以种植到潜意识界里去，只消这念头有相当的强烈和力量。潜意识界所包含的，大半是早先非常明显的、情绪方面的、有意识的思想，现在却是给埋藏起来了。要有意地去做这番埋藏的手续，是可能的，即在这方式之下，我们可使潜意识做许多有益的工作。譬如，我曾发现，倘我要写一篇题目较难的文章。最好的方法，莫如聚精会神——竭尽所能的聚精会神——地把题目思索几小时或几天，然后把工作丢到下意识里去进行。几个月后，我再用清楚的意识回到那个题目上去时，我发觉作品已经完成。在未曾发现这个技巧之前，我往往把中间的几个月消耗在烦虑上面，因为工作没有进步；可是我并不能因烦虑而把问题早些解决，中间的几个月反而浪费掉；至于现在，我却可以把这个时间另作别用。同样的方法可适用于种种忧虑。当你受某种灾祸威胁时，且好好地，深思熟虑地推敲一下，究竟有什么最恶劣的情形会发生。对此可能的灾祸正视过后，再寻出一些正当的理由，使你相信终究这也不见得是什么大祸。这种理由终归有的，因为即使一个人遇到最恶劣的事情，也绝无影响宇宙的重要性，等你在若干时间内把可能的恶事坚毅地瞩视过了，抱着真切的信念自忖道，“也罢，毕竟也没有了不得”，那时你将发觉你的烦虑消失了一大部分。这种办法可能需要重复几遍，但若你考虑最恶劣的可能性时不曾有所规避，你定会发现你的烦虑全部消灭，代之而兴的是一种酣畅的喜悦。

这是解除“恐惧”的一种更广泛的技巧里的一部分。烦虑是恐惧的一种，而一切的恐惧都产生疲劳。一个人而能学会不觉恐惧，就发觉日常生活的疲劳大为减少。恐惧之来，以为害最大的形式来说，是因为有些我们不愿正视的危险。在特殊的时间，一些可怕的思想闯入我们的头脑里。思想的内容因人而异，但几乎人人都有潜藏的恐惧。有的人怕癌症，有的人怕经济破产，有的怕不名誉的秘密泄露，有的被嫉妒的猜疑所苦，有的夜里老想着童时听到的地狱之火或许真有。大概所有这批人都用了错误的方法对付他们的恐惧：恐惧一闯入他们的脑海，他们立即试着去想旁的事情。他们用娱乐，用工作，用一切去转移自己的念头。因为不敢正视，每种恐惧越变得严重。转移思想的努力，恰恰把你存心规避的幽灵加强了可怕性。对付无论何种的恐惧的正当办法，是集中精神，合理地、镇静地把恐惧想一个彻底，直到你和它完全熟习为止。熟习的结果，可怕性给磨钝了；整个题目将显得无聊，于是我们的念头自会转向别处，但这一次的转移并不像从前那样的出于意志与努力，而是对题目不复感到兴趣所致。当你发觉自己倾向于对某些事情做沉想时，不管是什么事情，最好是把它仔细思索过，甚至比你本来愿意想的还要想得多，直到这件事情的不健全的魔力终于消失为止。

现代伦理学最大的失败之一，便是恐惧问题。固然我们属望男人有肉体的勇敢，尤其在战争中，但并不希冀他们有别的勇敢；对于女人，根本不希望她们有任何种的勇敢。一个勇敢的女子假如愿意男人们爱她，就得把她的勇敢藏起来。一个男人的勇敢倘不限于体力方面，也将被认为不善良。譬如，漠视舆论是被认为挑衅，群众将竭尽所能来惩戒这个胆敢藐视他们的权威的家伙。这种种全是不对的。各式各种的勇敢，不问在男人或女人身上，应该像军人的英勇一样受到赞美。青年男子的肉体的勇敢是常见的，足证勇敢可以应舆论的要求而产生。只要增多勇气，就可减少烦虑，跟着也减少疲劳。因为现在男男女女所感受的神经疲惫，大部分是由于有意识的或无意识的恐惧。

疲劳的来源，往往由于太爱兴奋。一个人倘若能用睡眠来消磨余暇，就可保持身体康健，但他的工作时间是乏味的，所以需要在自由时间寻些快活。为难的是，容易得到的和表面上最引人的娱乐，大半是磨蚀神经的。渴望兴奋，超过了某一点，就表示一种不正常的天性，或表示某种本能的不满足。在一场完满的婚姻的早期，多数男人觉得无须兴奋，但现代社会里，婚姻往往展缓到那么长久，以致等到经济上有力量结婚时，兴奋已经成为一种习惯，绝对不能受长时期的抑止了。假若舆论允许男人在二十一岁上结婚而不受现在的婚姻所附带的经济重负，那么，将有许多男人不要求和工作同样累人的娱乐了。虽然如此，这种提议是不道德的，只看前几年林特赛法官的榜样就可知道。他一生清白，临了却受人咒骂，只因为他想把青年们从老辈的固执所造成的不幸中解救出来。可是我现在不预备讨论下去，因为那是下一章《嫉妒》里面的题目。

个人既无法改变法律与制度，要应付高压的道学家所创造而保存的局面，当然不易。然而我们不难觉察，兴奋的欢娱不是一条幸福之路；虽是在更可满意的欢乐不得到手的时候，一个人总觉得除非乞灵于刺激，生产简直难以挨受。在这种情形之下，一个谨慎之士所能做的，是限制自己的食量，勿使自己享有过度的累人的娱乐，以致损害他的健康或工作。对于青年人的烦虑困恼，彻底的治疗是改变公众的道德观。目前，一个青年最好想到他最后终是要结婚的。假如目前的生活方式会使以后的快乐婚姻不可能，便是不智，因为神经衰敝，不能领受较温和的娱乐，那还能有快乐的婚姻可以希望?

神经疲惫的最恶劣的现象之一，是它仿佛在一个人与外界之间挂了一重帘幕。他感受的印象是模糊的，声音是微弱的；他不复注意四周的人物，除非被人用小手段或怪习气激怒的时候；他对于饮食与阳光毫无乐趣，只念念不忘地想着一些问题，对其余的全不理会。这种情形使人无法休息，以致疲劳有增无减，终而至于非请救医生不可。这种种，实在都是和大地失去接触的惩罚（在上一章内我已提到）。但在现代大都市的群众集团里，怎样去保持这种接触，却绝对难于看到。在此，我们又迫近了广大的社会问题的边缘，而这不是我在本书内所欲讨论的。

06

嫉　妒[1]

不快乐的许多最大的原因中，烦恼以次当推嫉妒。嫉妒是最普遍、根子最深的情欲之一。儿童未满一岁，即有这种表现，教养的人必须出以温柔谨慎的态度。在一个孩子前面露出些稍对于另一孩子的偏爱时，那个被冷落的孩子立刻会觉察而且憎恨。因此凡有儿童的人务必保持分配平均的公道，且要绝对的、严格的、一成不变的公道。但孩子在表现嫉妒与戒忌（那是特殊形式的一种嫉妒）方面，不过比成人稍稍露骨而已。这种情绪在成人身上和在儿童身上同样普遍。譬如拿女仆为例：我记得我们的女仆之中曾有一个是已婚的，当她怀孕时，我们就说她不能再举重物，立刻所有的女仆都不举重物了，结果这一类的工作只好由我们亲自动手。嫉妒也是民主制度的基础。古希腊哲学家赫拉克

1　英文envy一字，作嫉他人之所有，妒自己之所无解；jealousy一字则作恐己之所有被人侵占或分享解。但中文之嫉妒、妒羡、妒忌、艳羡等词，皆无jealousy之含义。而jealousy与envy一部分意义相同，一部分又相异，故遇原文以此字并列时，译者浅学，殊无适当之词可以译。兹姑以嫉妒译envy，戒忌译jealousy。（但在日用语文中，envy与jealousy之分野并不如此严格。）

利特[1]说所有的以弗所[2]公民都该缢死，因为他们说“我们之中不许有一个凌驾众人的人”。希腊各邦的民主运动，定是大半受这种情欲的感应。近代的民主政体也是如此。固然有一种观念派的理论，把民主政体当作最完满的政府形式。我个人也以为这理论是对的。但若观念论有充分的力量足以产生大变化时，实际政治也没有存在的余地了；大变化发生的时候，那些替大变化辩护的理论，只永远是遮蔽情欲的烟幕罢了。而推动民主理论的那股情欲，毫无疑问是嫉妒。罗兰夫人[3]素来被认为高尚的夫人，完全抱着献身民众的意念。但你去读她的回忆录时，就可发现使她成为这样一个热烈的民主主义者的，是她曾经在一个贵族的宫堡中被带到下房里接见。

在一般的善良妇女身上，嫉妒具有非常大的作用。要是你坐在地道车内，有一个衣服华丽的女子在车厢旁边走过时，你试试留神旁的女子的目光吧。她们之中，除了比那个女子穿着更华美的以外，都将用着恶毒的眼光注视着她，同时争先恐后地寻出贬抑她的说话。欢喜飞短流长地谈论人家的隐私，就是这种一般的恶意的表现：对别一个女人不利的故事，立刻被人相信，哪怕是捕风捉影之谈。一种严峻的道德观也被做着同样的用处：那些有机会背叛道德的人是被妒忌的，去惩罚这等罪人是被认为有功德的。有功德当然就是道德的酬报了。

同样的情形同样见之于男人，不过女人是把一切旁的女人看作敌手，而男人普遍只对同行同业才这样看法。我要一问读

1　赫拉克利特（约前544—前483），古希腊哲学家。

2　小亚细亚古城名。

3　罗兰夫人（1754—1793），18世纪法国女革命家，倡“不自由，毋宁死”之口号。

者，你曾否冒失到当着一个艺术家去称赞另一艺术家？曾否当着一个政治家去称赞同一政党的另一政治家？曾否当着一个埃及考古家去称赞另一埃及考古家？假如你曾这样做，那么一百次准有九十九次你引起妒火的爆发。在莱布尼茨[1]与惠更斯[2]的通讯中，多少封信都替谣传的牛顿发疯这件事悲叹。他们互相在信里写着："这个卓绝的天才牛顿先生居然失掉理性，岂不可悲？"这两位贤者，一封又一封的信，显然是津津有味地流了多少假眼泪。事实上他们假仁假义的惋惜之事并不真实，牛顿不过有了几种古怪的举动，以致引起谣言罢了。

普通的人性的一切特征中，最不幸的莫如嫉妒；嫉妒的人不但希望随时（只要自己能逃法网）给人祸害，抑且他自己也因嫉妒而忧郁不欢。照理他应该在自己的所有中寻快乐，他反而在别人的所有中找痛苦。如果能够，他将剥夺人家的利益，他认为这和他自己占有利益同样需要。倘听任这种情欲放肆，那么非但一切的优秀卓越之士要受其害，连特殊巧艺的最有益的运用也将蒙其祸。为何一个医生可以坐着车子去诊治病人，而劳工只能步行去上工？为何一个科学实验家能在一间温暖的室内消磨时间，而别人却要冒受风寒？为何一个赋有稀有才具的人可无须躬操井臼？对这些问题，嫉妒找不到答案。幸而人类天性中还有另一宗激情——钦佩——可以作为补偿。凡祝望加增人类的幸福的人，就该祝望加增钦佩、减少嫉妒。

治疗嫉妒有什么方法？以圣者而论，他有对"自私"的治疗，可是对别的圣者不见得绝对没有嫉妒。我怀疑，倘若圣·西

1 莱布尼茨（1646—1716），17世纪德国大哲学家。
2 惠更斯（1629—1695），17世纪荷兰天文学家、数学家。

曼翁·斯蒂里德[1]得悉另有什么圣者，在一根更窄的柱上站得更长久的话，是否安全快慰。但丢开圣者不谈，一般男女的嫉妒的唯一的治疗，是快乐；为难的便是嫉妒本身便是快乐的大阻碍。我认为嫉妒是大大地受着童年的不幸鼓动的。一个孩子发觉人家在他面前偏爱他的兄弟姊妹，就养成了嫉妒的习惯，等他进入社会时，他便搜寻那侵害他的不公平：假如真有，他会立刻找到；假如没有，他用想象来创造。这样一个人必然是不快乐的，在朋友心目中成为一个厌物，因为他们不能永远记着去避免他想象之中的轻视。他一开场便相信没有一个人喜欢他，终于他的行为他的信念变为了事实。还有一种童年的不幸可以产生同样的后果，即是遇到缺乏慈爱的父母。一个孩子，虽没有被宠幸的兄弟姊妹，却觉察到别的家庭里的别的孩子比他更受父母疼爱。这使他憎恨别的孩子和他自己的父母，长大起来觉得自己是一个社会的放逐者。有几种快乐是一个人天赋的权利，倘被剥夺，必致乖戾与怨恨。

但嫉妒的人曾说："告诉我快乐可治嫉妒有什么用？在我继续嫉妒时，我便找不到快乐；而你却和我说我只能在找到快乐时方能停止嫉妒。"但实在的人生并不如是合于逻辑。单单发觉自己嫉妒的原因，在疗治嫉妒上讲是绕了远路。用"比较"的观念去思想，是一个致人死命的习惯。遇到什么愉快的事情，我们应当充分地享受，切勿停下来去想：比起别人可能遇到的欢娱时我的一份就并不愉快了。嫉妒的人曾说"是的，这是阳光绚烂的日子，是春天，鸟在歌唱，花在开放，但我知道西西里岛上的春天

1　按系公元5、6世纪时三位圣者之总称，彼等一生皆站在石柱上修行，故有下列比喻。

要比眼前的美过一千倍，赫利孔[1]丛林中的鸟要唱得曼妙得多，沙伦[2]的玫瑰比我园子里的更可爱”。当他转着这些念头时，阳光暗淡了，鸟语变成了毫无意义的啁啾，鲜花也似乎不值一盼。对旁的人生乐事，他都用同样的态度对付。他会自忖道：“是的，我心上的女子是可爱的，我爱她，她也爱我，但当年的示巴女王比她要艳丽多少啊！哟！要是我能有所罗门的机缘的话！”[3]所有这等比较是无意义的、痴愚的，不问使我艳羡的是示巴女王抑或邻居，总是一样的无聊。一个智慧之士决不因旁人有旁的东西而就对自己的所有不感兴趣。实在，嫉妒是一种恶习，一部分属于精神的，一部分属于智力的，它主要是从来不在事情本身上看事情，而在它们的关系上着眼。假定说，我赚着一笔可以满足我的需要的工资，我应该满意了，但我听见另一个我认为绝对不比我高明的人赚着两倍于我的薪金。倘我是一个有嫉妒气氛的人，立刻，我本来的满足变得暗淡无光，不公平的感觉缠绕着我的心。救治这一切的病症，适当之法是培养精神纪律，即不作无益之想。归根结底，还有什么比幸福更可艳羡的呢？我若能医好嫉妒，我就获得幸福而被人艳羡。比我多挣一倍工资的人，无疑的也在为了有人比他多挣一倍薪金而苦恼，这样一直可以类推下去。你若渴望成就，你可能嫉妒拿破仑。但拿破仑嫉妒着恺撒，恺撒嫉妒着亚历山大，而亚历山大，我敢说，嫉妒着那从未存在的赫拉克勒斯[4]。因此你不能单靠成功来解决嫉妒，因为历史上神

1　按系神话中文艺女神居住之山名。

2　美国宾夕法尼亚州之一城。

3　按《圣经》载，示巴女王慕所罗门王智慧，亲率臣役来求觐见。

4　希腊神话中最伟大的英雄，丘比特之子。

话上老是有些人物比你更成功。享受你手头的欢娱，做你应当做的工作，勿把你所幻想的——也许是完全错误的——比你更幸运的人来和自己比较：这样你才能摆脱嫉妒。

不必要的谦卑，对于嫉妒大有关系。谦卑被认为是美德，但我很怀疑极度的谦卑是否配称美德。谦卑的人非常缺少胆子，往往不敢尝试他们实在胜任的事业。他们自认为被常在一处的人压倒了，所以特别倾向于嫉妒，由嫉妒而不快乐而怨恨。我却相信我们应该想尽方法，把一个男孩子教养得使他自认为是一个出色的家伙。我不以为任何孔雀会嫉妒别只孔雀的尾巴，因为每只孔雀都以为自己的尾巴是世界上最美的。因为这个缘故孔雀才是一种性情和平的鸟类。倘若孔雀也相信“自满”是不好的，试想它的生活将如何不快乐。它一看见旁的孔雀开屏时，将立刻自忖道：“我切不可想象我的尾巴比它的美，那是骄傲的念头。可是我多希望能够如此啊！这头丑鸟居然那样的自信为华美！我要不要把它的翎毛拉下几根来呢？也许这样以后，我无须怕相形见绌了。”或者它会安排陷阱，证明那为它嫉妒的孔雀是一只坏的孔雀，行为不检，玷辱了孔雀的品格，到领袖前面去告发它。慢慢地它得到了一项原则，说凡是尾巴特别美丽的孔雀总是坏的；孔雀国内的明哲的统治者，应当去寻出翎毛丑恶的微贱的鸟来。万一这种原则被接受了，它将把一切最美的鸟置于死地，临了，一条真正华美的尾巴只将在模糊的记忆中存在。假借“道德”[1]之名的“嫉妒”，其胜利的结果是如此。但每只孔雀自认为比别的更美时，就无须这些迫害了。它们都希望自己在竞争中获得头

1 按即指假借谦卑。

奖，而且相信真是获得了头奖，因为每只孔雀总重视它的配偶[1]。

嫉妒，当然和竞争有密切的关联。凡是我们以为绝对无法到手的一宗幸运，我们决不嫉妒。在社会阶级固定的时代，在大家相信贫富的分野是上帝安排的时代，最低微的阶级绝不嫉妒上面的各阶级。乞丐不嫉妒百万富翁，虽然他们一定嫉妒比自己收获更多的别的乞丐。这种结果，在眼前是一桩弊害，但是为了达到一个更公平的社会制度计不得不忍受。“不平等”被合理地思索过后，立刻被认为“不公平”，除非这不平等是建筑在什么卓越的功绩之上。而不平等被认为不公平后，自然而然会发生嫉妒，要救治这种嫉妒，必先消灭不公平，所以我们的时代，是嫉妒扮演着特别重要的角色的时代。穷人妒忌富人，比较贫穷的民族妒忌比较富有的民族，女人妒忌男人，贤淑的女子妒忌那些虽不贤淑但并不受罚的女子。的确，嫉妒是一股主要的原动力，导引不同的阶级、不同的民族、不同的性别，趋于公平，但同时，预期可以凭着嫉妒而获得的那种公平，可能是最糟糕的一种，即是说那种“公平”，倾向于减少幸运者的欢悦，而并不倾向于增进不幸运者的欢悦。破坏私人生活的情欲，一样的破坏公共生活。我们不能设想，像嫉妒这么有害的情欲里面，可能产生什么善的结果。因此，谁要以观念论的立场来祝祷我们社会制度发生大变化，祝祷社会公道的增进，就该希望由嫉妒以外的别的力量来促成这些变化。

一切恶事都是互相关联的，无论哪一桩都可成为另一桩的原因。特别是疲劳，常常成为嫉妒的因子。一个人觉得不胜任分内

---

1 按重视配偶即认为自己的雌孔雀是最美的，而自己之能获得最美的配偶，即证明它自己是最美的。

之事的时光，便一肚子的不如意，非常容易对工作较轻的人发生妒忌。因此减少疲劳也是减少妒忌之一法，但更重要的是保有本能满足的生活。似乎纯粹职业性的嫉妒，其实多数是由于性的不满足。一个在婚姻中，在孩子身上获得快慰的人，不至于怎样的妒忌旁人有更大的财产或成功，只消他充分的财力能把孩子依照他认为正当的途径教养。人类的幸福，其元素是简单的，简单的程度竟使头脑错杂的人说不出他们缺少的究竟是什么。上文提及的女人，怀着妒意去注视一切衣服华丽的女人，一定在本能生活上是不快乐的。本能的快乐，在说英语的社会内是稀有之事，尤其在妇女界。在这一点上，文明似乎入了歧途。假如要减少嫉妒，就得设法补救这种情形；倘找不到补救之法，我们的文明就有在仇恨的怒潮中覆灭的危险。从前，人们不过妒忌邻居，因为对于旁的人们很少知道。现在，靠了教育和印刷品，他们抽象地知道很多广大阶级的人类之事，实际他们连其中的一个都不曾认识。靠了电影，他们以为知道了富翁的生活；靠了报纸，他们知道很多外国的坏事；靠了宣传，他们知道一切和他们皮色不同的人都有不好行为。黄种人不喜欢白种人，白种人不喜欢黑种人，以此类推。你可能说，所有这些仇恨是被宣传煽动起来的，但这多少是皮相之谈，为何煽动仇恨的宣传，比鼓励友善的宣传容易成功得多？这理由，显而易见是：近代文明所造成的人类的心，根本偏向于仇恨而不偏向友善。它的偏向仇恨，是因为它不满足，因为它深切地，或竟无意识地觉得它多少失去了人生的意义，觉得也许旁的人倒保有着“自然”给人享受的美妙事物，而我们却独抱向隅。在一个现代人的生活里，欢娱的总量无疑的要比那较原始的社会里为多，但对于可能有的欢娱的意识，增加得更多。无论何时你带孩子上动物园，你可以发现猿猴只要不在翻筋斗、练武艺或咬核桃时，它的眼睛里就有一副古怪的悲哀的表情。竟可说它们是觉得应该变为人的，但不知道怎样变人。它们在进化的路上迷了路；它们的堂兄弟往前去了，它们却留在后面。同样的悲哀与愤懑似乎进入了文明人的灵魂。他知道有些比他自己更优美的东西在他手旁，却不知究竟在哪里，怎样去寻找。绝望之下，他就恼怒和他一样迷失一样不快乐的同胞。我们在进化史上到达的一个阶段，并非最后的一个。我们必须快快走过，否则，我们之中一大半要中途灭亡，而另外一些则将在怀疑与恐惧的森林中迷失。所以，嫉妒尽管害人，它的后果尽管可怕，并不完全属于魔道。它一部分是一种英雄式的痛苦的表现。人们在黑夜里盲目地摸索，也许走向一个更好的归宿，也许走向死亡与绝灭：所谓英雄式的痛苦即是指这种人的心境而言。要从这绝望中寻出康庄大道来，文明人必须扩张他的心，好似他曾经扩张他的头脑一般。他必须学会超越自我，由超越自我而自由自在，像宇宙一样的无挂无碍。

07

犯罪意识

关于犯罪意识，我们在第一章里已经有所阐述，但我们现在必须做周密的探讨，因为成人生活的不快乐有许多潜在的心理原因，而犯罪意识是其中最重要的一个。

有一种传统的、宗教观的犯罪心理学，为现代的心理学家所无法接受的。据这派传统的说法，认为良心会告诉每个人，什么时候他所跃跃欲试的事情是犯罪的。犯了这种行为之后，一个人可能感到两种难堪之一：一种叫作懊丧，那是没有报酬的；一种叫作痛悔，那是可以洗涤罪愆的。在新教国家内，连那些已经失掉信仰的人，仍旧多少接受着这种正统派的犯罪观。在我们的时代，一部分也靠了精神分析的力量，我们的情形恰恰相反：不但反正统的人排斥这种旧的犯罪观，连那般仍旧自命为正统派的人也是如此。良心不复成为什么神秘之物，因此也不再被认为是上帝之声。我们知道良心所禁止的行为，在世界上是各处不同的，而且广义地说，它总和各部落的风俗一致。那么，当一个人受着良心戳刺的时候，究竟是什么回事呢？

“良心”这个名词，实在包括好几种不同的感觉，最简单的一种是害怕被人发觉。读者，我当然相信你过着一种无可责备的生活，但若你去问一个曾经做过倘被发觉就要受罚的事的人，就可发现当破案似乎不可避免的时候，这个当事人便后悔他的罪过了。我这样说是并不指职业的窃贼，他是把坐牢当作买卖上必须冒的危险的，我是指可称为“体面的”罪人，例如在紧急关头挪用公款的银行行长，或被情欲诱入什么性的邪恶的教士。当这种人不大容易被人窥破罪过时，他们是能够忘记的，但当他们被发觉了或有被发觉的危险时，他们便想当初是应该更端方更清正一些的，这个念头使他们清清楚楚地觉得他们的罪恶之大。和这种感觉密切关联的是害怕成为社会的放逐者。一个以赌博来诈欺取财的人，或赖去赌债的人，一朝被发觉时，良心上是找不出什么理由可以抵挡社会对他的憎厌的。这一类的人，虽然受着社会嫉视，可并不觉得自己有罪；但是承认社会的道德而再做违背道德之事的人，一失掉自己的品级[1]，就将大为苦闷了，并且对这种灾害的恐惧，或灾害临到时的苦难，很容易使他把他的行为本身认作有罪。

但是犯罪意识以最重要的形式而论，来源还要深远得多。它生根在下意识里，不像对公众厌恶的畏惧那样浮现于意识界。在意识界内，有几种行为被标明为“罪恶”，虽在反省上并无显著的理由可寻。一个人做了这一类的行为，便莫名其妙地感到不安。他但愿自己曾经和旁人一样，置身于他信为罪恶的事情之外。道德方面的钦佩，他只能给予那般他认为心地纯洁的人。他多少怀着怅惘悔恨的心思，承认圣者的角色轮不到自己；的确，

1　按系指社会上的。

他对圣贤的观念，是日常生活中几乎办不到的那一种。所以他一生离不了犯罪感觉，觉得自己不配列入上品，极度忏悔的时间才是他生命中最高洁的时间。

在所有的例子中，这种种情形的来源，是一个人六岁以前在母亲或保姆怀中所受到的道德教训。在那时以前，他已经知道：发誓是不好的，不文雅的说话是不可用的，只有坏人才喝酒，烟草也不能和最高的德性并立。他知道一个人永远不该撒谎。尤其重要的是：对性的部分发生兴趣是丑恶的行为。他知道这些是他母亲的见解，相信就是上帝的见解。受母亲或保姆亲热的对待，是他生命中最大的乐趣，而这乐趣只有他不触犯道德律时方能获得。因此他慢慢地把母亲或保姆憎恨之事，同一些隐隐约约的可怕之事，连在一起。慢慢地，他一边长大，一边忘记了他道德律的来处，忘记了当初违反道德律时所受的惩罚究竟为何物，但他并不把道德律丢掉，且继续感到倘使触犯它，便会发生一些可怕的祸事。

这种童年的道德教训有一大部分全无合理的根据，决不能适用于普通人的生活。譬如，一个人用了所谓“粗野”的言语，在合理的观点上看，绝对不比一个不用这种言语的人坏。可是，实际上人人以为圣者的特色是不发誓。从理智上说，这种看法是愚蠢的。关于烟酒，亦然如是。南方各国，酒精的饮用是没有犯罪感的，至于烟草，比较容易从反面立论而加以排斥了，既然一切最大的圣者都生在烟草尚未出现的时代。但这儿也没有合理的论据。根据分析的结果，圣者似乎不曾做一桩单单给他快感的事：于是人们便说圣者不见得会抽烟。日常道德中的这个禁欲成分，差不多已变成了下意识，但它在各方面都发生作用，使我们的道德律变为不合理。在一种合理的伦理学中，给任何人（连自己在内）以快感，都该受到称赞，只要这快感没有附带的痛苦给自己或旁人。假如我们要排除禁欲主义，那么理想的有德之士，一定容许对一切美妙事物的享受，只要不产生比享受分量更重的恶果。再拿撒谎来说，我不否认世界上谎言太多，也不否认增加真理可使我们善良得多，但我的确否认撒谎在任何情势之下都不足取，我这个观点，一切有理性的人都会同意。我有一次在乡间小路上，看见一头筋疲力尽的狐狸还在勉强奔跑。一会儿后，我看见一个猎人。他问我曾否看见狐狸，我答说看见的。他问我它往哪条路跑，我便撒谎了。倘使我说了实话，我不以为我将是一个更好的人。

但早期道德教训的祸害，尤其是在性的范围内。倘若一个孩子受过严厉的父母或保姆的旧式管教，在六岁以前就构成了罪恶与性器官的联想，使他终生无法完全摆脱。加强这个感觉的，当然还有俄狄浦斯情结[1]，因为在童时最爱的女人，是不可能与之有性的自由的女人。结果是许多成年的男子觉得女人都因了性而失掉身份，他们只尊敬憎厌性交的妻子。但有着冷淡的妻子的丈夫，势必被本能驱使到旁的地方去寻找本能的满足。然而即使他暂时满足了本能，他仍不免受犯罪意识的毒害，以致同任何女子（不问在婚姻以内或以外）都不觉快乐。在女人一方面，如果人家郑重其事地把“何为纯洁”教给了她，也有同样的情形发生。跟丈夫发生性关系时，她本能地退缩，唯恐在其中获得什么快感。虽然如此，女人方面的这种情形，今日比五十年前已大为减

1 按神话载：俄狄浦斯无意中弑父娶母，近代心理学用以指儿童爱恋其母的变态心理。

少。我敢说，目前有教育的人群中，男人的性生活，比女人的更受犯罪意识的歪曲与毒害。

传统的性教育对于儿童的害处，现在一般人已开始普遍地感到，虽然当局方面还是漠然。正当的办法是很简单的：在一个儿童的春情发动期以前，无论何种的性道德都不要去教他或她，并须小心避免，勿把天生的肉体器官有什么可憎的观念灌输他们。等到需要给予道德教育的时候，你的教育必须保持合理化，你所能说的每一点都得有确实的根据。但我在本书内所欲讨论的并非教育。可是不智的教育往往给人犯罪的意识，所以我这里所关切的是成人怎样设法去减少这种影响的问题。

这里的问题，和我在前几章内检讨过的正复相同，即是把控制我们意识界的合理信念，强迫下意识去留神。人们不可听任自己受心境的推移，一会儿相信这个，一会儿相信那个。当清明的意志被疲劳、疾病、饮料或任何旁的原因削弱时，犯罪意识特别占着优势。一个人在这些时间（除了喝酒的时间以外）所感到的，常常被认为是较高级的“自我”的启示。“魔鬼病时，亦可成圣。”但荒唐的是：认为疲弱的时间会比健旺的时间使你更加明察。在疲弱的时间，一个人很难抗拒幼稚的提议，但毫无理由把这等提议看作胜于成人在官能健旺时的信念。相反，一个人元气充沛时用全部的理智深思熟虑出来的信念，对于他，应当成为任何时间所应相信的标准。运用适当的技巧，很可能制伏下意识的幼稚的暗示，甚至可能变换下意识的内容。无论何时，你对一桩你的理智认为并不恶的事情感到懊丧时，你就应该把懊丧的原因考察一下，使你在一切细枝末节上都确信这懊丧是荒谬的。使你意识界的信念保持活泼与力量，以便你的无意识界感受到强烈的印象，足以应付你的保姆或母亲给你的印象。切不可一会儿合理，一会儿不合理。密切注视无理之事，决意不尊重它，不让它控制你。当“无理”把愚妄的念头或感觉注入你的意识界时，你当立刻把它们连根拔出，审视一番，丢掉它们。勿让你做一个摇晃不定的人，一半被理智控制，一半被幼稚的痴愚控制。勿害怕冒犯那些曾统治你的童年的东西。那时，它们在你心目中是强有力的、智慧的，因为你幼稚而且痴愚；现在你既不幼稚也不痴愚了，应该去考察它们的力量与智慧，习惯使你一向尊敬着它们，如今你该考虑它们是否仍配受你尊敬。慎重地问问你自己，世界是否因了那给予青年的传统道德教训而变好了些。考虑一下，一个习俗所谓的有德之士，他的道具里有多少纯粹的迷信；再可想到，一切幻想的道德危险，固然有想入非非的愚妄的禁令为预防，但一个成人所冒的真正的道德危险，反而一字未提。普通人所不自禁的实在有害的行为，究竟是什么？法律所不惩戒的商业上的狡黠行为，对雇员的刻薄，待妻儿的残酷，对敌手的恶毒，政治冲突上的狠心——这些都是真正有害的罪，在可尊敬而被尊敬的公民中间是屡见不鲜的。一个人以这些罪孽在四周散布灾祸，促成文明的毁灭。然而他并不因此在倒霉时自认为放逐者，并不觉得无权要求神的眷佑。他也不会因此在噩梦中看见母亲用责备的目光注视他。为何他潜意识的道德观，这样地和理性背离呢？因为他幼时的保护人所相信的伦理是愚妄的；因为那种伦理并不以个人对社会的责任做出发点；因为它是由于不合理的原始禁忌形成的；因为它内部包含着病态的元素，而这元素即是罗马帝国灭亡时为之骚乱不宁的精神病态演变出来的。我们名义上的道德，是由祭司和精神上已经奴化的女人们定下的。如今，凡要在正常生活中获取正常的一份的人，应该起来反抗这种病态的愚妄了。

但若希望这“反抗”能替个人获致幸福，使一个人始终依着一项标准而生活，不在两种标准之间游移不定，那么，他的理智告诉他的说话，他必须深切地体会到。大半人士把童年的迷信在表面上丢开以后，认为大功已经告成。他们并没觉察，这些迷信仍旧潜伏在下意识界。当我们获得一宗合理的信念时，我们必须锲而不舍，紧随着它的演化，在自己内心搜寻还有什么和新信念柄凿的信念存在；而当犯罪意识很强烈时（这是不时会遇到的），切勿把它视为一种启示，一种向上的召唤，而要看作一种病，一种弱点，除非促成犯罪感的行为确是合理的伦理观所指斥的。我并不建议一个人可以无须道德，我只说他应排除迷信的道德，这是一件全然不同的事。

但即使一个人干了他合理的道德律的事，我也不以为犯罪感是能使他生活改善的好方法。犯罪意识里面有些卑贱的成分，缺少自尊心的成分。可是丧失自尊心从不能对任何人有裨益。合理的人，对自己的要不得的行为，和对别人的同样看法，认为是某些情势的产物。避免之法，或者由于更充分的觉察这行为的要不得，或者由于在可能时避免促成这行为的情势。

以事实论，犯罪意识非但不能促成良好的生活，抑且获致相反的结果。它令人不快乐，令人自惭形秽。为了不快乐他很可能向别人去要求过分的事情，以致他在人与人的交接之间得不到快感。为了自惭形秽，他对优越的人心怀怨恨。他将发觉嫉妒很容易，佩服很困难。他将变成一般地不受欢迎的人，越来越孤独。对旁人取着豁达大度、胸襟宽广的态度，不但给人快乐，抑且使自己快乐，因为他将受到一般的爱戴。但一个胸中盘旋着犯罪意识的人，就难能做到这个态度。这是均衡与自信的产物，它需要精神的完整——就是说，人的天性的各组成分子，意识、潜意识、无意识，一同和谐地工作而绝不永远冲突。这种和谐，在大多数的例子中可由明哲的教育造成，但遇到教育不智的时候就为难了。精神完整的形成，是心理分析家所尝试的事业，但我相信在大多数的例子中，病人可以自己做到，只在比较极端的情形中才需专家帮助。切勿说："我没有闲暇做这些心理工作。我的生活忙得不可开交，不得不让我的下意识自己去推移。"一个跟自己捣乱的、分裂的人格，最能减少幸福和效率。为了使人格各部分产生和谐而花费的光阴，是花费得有益的。我不劝一个人独坐一隅，每天做一小时反省工夫。我认为这绝不是好方法，它只能增加自我沉溺，而这又是应当治疗的病症，因为和谐的人格是应该向外发展的。我所提议的是：一个人对于他合理的信念，应立志坚决永远不让那不合理的相反的信念侵入而不加扑灭，或让它控制自己，不管控制的时间如何短暂。这种工夫，在他情不自禁地要变成幼稚的时候，不过是一个思索的问题罢了，但这思索如果做得充分有力的话，也是很快的，所以为此而消费的时间也很少。

有许多人心里对理性抱着厌恶，遇着这等人，我刚才所说的一切，势必显得离了本题而无关紧要了。有一种观念，以为理性倘被放任，便将灭绝较为深刻的情绪。这个念头，我觉得是对于理性在人类生活中的作用完全误解所致。孵育感情原非理智的事情，虽然它一部分的作用，可能是设法阻止那些为害福祉的情绪。寻出减少仇恨与嫉妒的方法，无疑是理性心理学的一部分功能。但以为在减少这些情欲[1]的时候，同时也减少了理性并不排斥的热情的力量，却是误解。在热烈的恋爱中，在父母的温情中，在友谊里，在仁慈里，在对科学或艺术的虔诚中，丝毫没有理智想要减少的成分。当合理的人感到这些情绪中的无论何种时，定将非常高兴而决不设法去减弱它们的力量，因为所有这些情绪都是美好的人生之一部分，而美好的人生便是对己对人都促进幸福的一种。在以上所述的那些情绪里，全无不合理的分子，只有不合理的人才感到最无聊的情欲。谁也无须害怕，说在使自己变得合理的时候，生活就会变得暗淡无聊。相反，唯其因为“合理”是存在于内心的和谐之上，所以到达这个境界的人，在对世界的观照上，在完成外界目标的精力运用上，比起永远被内心的争执困扰的人来，要自由得多。最无聊的莫过于幽囚在自身之内，最欢畅的莫过于对外的注意和努力。

我们的传统道德，素来太过于以自己为中心，罪恶的观念，便是这不智的“自己中心”的一部分。为那些从未受伪道德的训练而养成主观心情的人，理性可以无须。但为那些得了病的人，在治疗上理性是必不可少的。而得病也许是精神发展上一个免不了的阶段。我想，凡是借理性之力而渡过了这一关的人，当比从未害病也从未受过治疗的人高出一级。我们这时代流行的对理性的憎恨，大半由于不曾把理性的作用从完全基本的方面设想，内心分裂的人，寻找着刺激与分心之事。他的爱剧烈的情欲，并不为了健全的理由，而是因为可以暂时置身于自己之外，避免思想的痛苦。在他心中，任何热情都是麻醉，而且因为他不能设想基

1　按即指仇恨与嫉妒。

本的幸福，他觉得唯有借麻醉之力才能解除苦恼。然而这是一种痼疾的现象。只要没有这种病症，最大的幸福便可和最完满的官能运用同时出现。唯有头脑最活跃，无须忘记多少事情的时候，才有最强烈的欢乐可以享受。的确，这是幸福的最好的试金石之一。需要靠无论何种的麻醉来获致的幸福是假的，不能令人满足的。我们的官能必须全部活跃，对世界必须有最完满的认识，方能有真正令人快慰的幸福。

08

被虐狂

极度的被虐狂，公认为疯癫的一种。有些人妄想人家要杀害他们、禁锢他们，或对他们施行什么旁的严重的迫害。想防御幻想的施虐者的念头，常使他们发为暴行，逼得人家不得不限制他们的自由。像许多别种形式的疯狂一样，这一种疯狂也不过是某种倾向的夸大，而那种倾向在正常的人也是不免的。我不预备来讨论它极端的形式，那是心理分析学家的事情。我要考虑的乃是它较为温和的表现，因为它常常是不快乐的原因，也因为它尚未发展为真正的疯癫，还可能由病人自己来解决，只消他能准确地诊断出他的病状，并且看到它的来源即在他自身而不在假想的旁人的敌意或无情。

大家都知道有一等人，不分男女，照他们自己的陈述，老是受到忘恩负义、刻薄无情的迫害。这类人物善于花言巧语，很容易使相识不久的人对他们表示热烈的同情。在他们所叙述的每桩单独的故事中，普通并无什么难以置信的地方。他们抱怨的那种迫害，毫无疑问有时是确实遭遇的。到末了引起听的人疑惑的，是受难者竟遇到这样多的坏蛋这回事。依照“大概”的原则，生在一个社会里的各式人物，一生中遇到虐害的次数大约是相仿的。假如一个人在一群人里面受到普遍的（照他自己所道）虐害，那么原因大概是在他自己身上：或者他幻想着种种实际上并未受到的侵害，或者他无意识中的所作所为，正好引起人家无可克制的恼怒。所以，对于自称为永远受到社会虐待的人，有经验的人士是表示怀疑的。他们因为缺乏同情心的缘故，很易使不幸的家伙更加证实自己受着大众的厌恶。事实上，这种烦恼是难以解决的，因为表示同情与不表示同情，都是足以引起烦恼的原因。倾向于被虐狂的人，一朝发觉一件厄运的故事被人相信时，会把这故事渲染得千真万确；而另外一方面，倘他发觉人家不相信时，他只是多得了一个例子，来证明人家对他的狠心。这种病只能靠理解来对付，而这理解，倘使我们要完成它的作用的话，必须教给病人。在本章内，我的目标是提议几种一般的思考，使每人可借以在自己身上寻出被虐狂（那是几乎个个人多少有着的）的元素，然后加以排斥。这是获致幸福的一部分重要工作，因为倘我们觉得受着大众虐待，那是决计没有幸福可言的。

“不合理性”的最普遍的形式之一，是每个人对于恶意的饶舌所取的态度。很少人忍得住议论熟人的是非，有时连对朋友都难免；然而人们一听到有什么不利于自己的闲话时，立刻要骇愕而且愤愤了。显而易见，他们从未想到，旁人的议论自己，正如自己的议论旁人。这骇愕愤懑的态度还是温和的，倘使夸张起来，就可引上被虐狂的路。我们对自己总抱着温柔的爱和深切的敬意，我们期望人家对我们也是如此。我们从未想到，我们不能期待人家看待我们，胜于我们看待人家，而我们所以想不到此的缘故是，我们自身的价值是大而显明的，不像别人的价值，万一是有的话，只在极慈悲的眼光之下显现。当你听到某人说你什么难堪的坏话时，你只记得你曾有九十九次没有说出关于他的最确当、最应该的批评，却忘记了第一百次上，一不小心你说过你认为道破他的真相的话。所以你觉得：这么长久的忍耐倒受了这种回报！然而在这个观点上，他眼中的你的行为，恰和你眼中的他的行为一样：他全不知你没有开口的次数，只知你的确开口的第一百次。假令我们有一种神奇的本领，能一目了然地看到彼此的思想，那么，我想第一个后果是：所有的友谊都将解体。可是第二个后果倒是妙不可言，因为独居无友的世界是受不了的，所以我们将学会彼此相悦，而无须造出幻想来蒙蔽自己，说我们并不以为彼此都有缺点。[1]我们知道，我们的朋友是有缺点，但大体上仍不失为我们惬意的人。然而我们一发觉他们也以同样的态度对付我们时，就认为不堪忍受了。我们期望他们以为我们不像旁人一样，确是毫无瑕疵的。当我们不得不承认有缺点时，我们把这明显的事实[2]看得太严重了。谁也不该希望自己完满无缺，也不该因自己并不完满而过分的烦恼。

过于看高自己的价值，常常是受虐狂的根子，譬如说，我是一个剧作家。在公平的人眼中，我显然是当代最显赫的剧作家，可是为了某些理由，我的剧本难得上演，即使上演也不受欢迎。这种奇怪的情形怎么解释呢？明明是剧院经理、演员、批评家，为了这个或那个理由，联合着跟我捣乱。而这个理由，当然是为我增光的：我曾拒绝向戏剧界的大人物屈膝；我不肯奉承批评

1　按此句之意即：倘彼此的思想都能明白看到，我们就可坦然承认彼此的缺点而相交了。

2　按即人皆有过之谓。

家；我的剧本包含着直接痛快的真理，使得被我道破心事的人受不了。因此我的卓越的价值不能获得人家承认。

然后，还有从不能使人对他的发明的价值加以审察的发明家；制造家墨守成规，不理会任何的革新；至于少数进步分子，却有着他们自己的发明家，他们又永远提防着不让未成名的天才闯入；尤其古怪的是，专门的学会，把你手写的说明书原封不动地退回来，或竟遗失；向个人的呼吁又老是没有回音。这种种情形怎么解释呢？显然是有些人密切勾结着，想把发明上所能获得的财富由他们包办，不跟他们一伙的人是无人问津的。

然后，还有从事实上受到真正苦难的人，把自己的经验推广开去，终于认为他个人的不幸就是转捩乾坤的关键。譬如说，他发觉了一些关于秘密警察的黑幕，人们一向是为了政府的利益而秘不宣泄的。他找不到一个出版家肯披露他的发现，最高尚的人物也袖手旁观，不肯来纠正他义愤填膺的坏事。至此为止，事实的确和他所说的相符。但他到处遭受的失意给了他一个那么强烈的印象，使他信为一切有权有势之辈都专心致志地从事于掩盖罪恶，因为他们的权势就建筑在这些罪恶之上。他的观察一部分是真确的，所以他的信念特别顽固；他个人接触到的事情，自然要比他没有直接经验的大多数的事情给予他更深的印象。由是，他弄错了“比例”这个观念，把也许是例外而非典型的事实过于重视。

另一种常见的被虐狂者，是某一等特殊的慈善家，永远违反着对方的意志而施惠于人，一旦发觉人家无情无义时，便骇愕而且悚然了。我们为善的动机实在难得像我们想象中的那么纯洁，受权势的心理是诡诈非凡的，有着许多假面具，我们对人行善时所感到的乐趣，往往是从爱权势来的。并且，行善中间还常有别的分子掺入。对人“为善”普通总要剥夺人家多少乐趣：或是饮酒，或是赌博，或是懒惰，不胜枚举。在这情形内，就有道德色彩特浓的成分，即我们为要保持朋友的尊敬而避免的罪过，他们倒痛痛快快地犯了，使我们不由不嫉妒。例如那般投票赞成禁吸纸烟法律（这种法律在美国好几州内曾经或仍旧存在）的人，当然是不吸烟者，旁人在烟草上感到的乐趣为他们恰是因嫉妒而痛苦。假如他们希望已经戒除纸烟的以前的瘾君子们，到代表会来感谢他们超拔，那他们准会失望。然后他们将想到自己为了公众福利而奉献了生命，而那般最应当感激他们的善举的人，竟最不知道感激。

同样的情形可以见诸于主妇于女仆的态度，因为主妇自以为应当负责监护女仆的道德。但现在仆役问题已变得那样的尖锐，以致对女仆的这种慈爱也日渐少见了。

在高级的政治上也有类似的情形。一个政治家逐渐集中所有的精神力量，以便达到一个高尚的目标，他因之摒弃安适，进入公共生活的领域，可是无情义的群众忽然翻过脸来攻击他了，那时他当然不胜其惊愕。他从未想到他的工作除了“为公”以外还会有别的动机，从未想到控制大局的乐趣在某种程度内确曾鼓励他的活动。在讲坛上和机关报上用惯的套语，慢慢在他心目中变成了真理，同一政党的人互相标榜的辞藻，也误认作动机的真正地分析了。一朝憎厌而且幻灭之后，他将摒弃社会（其实社会早已摒弃了他），并且后悔竟是做了一件像谋公众福利那样不讨好的事情。

这些譬喻牵引出四条概括的格言，如果这些格言的真理被彻底明了的话，大可阻止被虐狂的出现。第一条是记住你的动机并不常常像你意想中的那么舍己达人。第二条是切勿把你自己的价值估得太高。第三条是切勿期望人家对你的注意，像你注意自己一样关切。第四条是勿以为多数的人在密切留神你，以致有何特殊的欲望要来迫害你。我将对这些格言逐条申说几句。

博爱主义者和实行家，特别需要对自己的动机采取怀疑态度。这样的人常有一种幻象，以为世界或世界的一部分是应该如何如何的。而他们觉得（有时准确的，有时不准确的）在实现他们的幻象时，他们将使人类或其中的一部分得到恩惠。然而他们不曾充分明白，受到他们行为的影响的人，每个人都有同等的权利来幻想他所需要的社会。一个实际行动的人确信他的幻象是对的，任何相反的都是错的。但这种主观的正确性并不能提供证据，说他在客观上也是对的。何况他的信念往往不过是一种烟幕，隐藏在烟幕之下的，是他眼见自己力能左右大局而感到快慰。而在爱好权势之外，还加上另一项动机，就是虚荣心，那是在这等情形中大有作用的。拥护议会的高尚的理想家——在此我是凭经验说话——听到玩世不恭的投票人，说他只是渴望在名字上面加上“国会议员”的头衔，定将大为诧怪。但争辩过后，有余暇思索的时光，他会想到归根结底，也许那玩世派的说话是对的。理想主义使简单的动机穿上古怪服装，因此，现实的玩世主义的多少警句，对我们的政治家说不大会错。习俗的道德所教人的一种利他主义，其程度人类天性难于做到，那般以德性自傲之辈，常常妄想他们达到了这个不可达到的理想。甚至最高尚的人的行为，也有绝大多数含着关切自己的动机，而这也无须惋惜，因为倘不如是，人类这个种族早已不能存在。一个眼看人家装饱肚子而忘了喂养自己的人，定会饿死。当然，他可以单单为了使自己有充分的精力去和邪恶奋斗而饮食，但以这种动机吞下去的食物是否会消化，却是问题，因为在此情形之下所刺激起来的涎液是不够的。所以一个人为口福而饮食，要比饮食时单想着公众福利好得多。

可以适用于饮食的道理，可以适用于一切旁的事情。无论何事，若要做得妥善，必有赖于兴致，而兴致又必有赖于关切自己的动机。从这一观点上说，凡是在敌人面前保卫妻儿的冲动，也当列入关切自己的动机之内。这种程度的利他主义，是人类正常天性之一部分，但习俗道德所教训的那种程度却并不是，而且很少真正达到。所以，凡是想把自己卓越的德性来自豪的人，不得不强使自己相信，说他们已达到实际并未达到的那种程度的不自私。由是，追求圣洁的努力终于一变而为自欺自骗，更由是而走上被虐狂的路。

四格言中的第二项，说高估你自己的价值是不智的这一点，在涉及道德一方面，可以包括在我们已经说过的话内。但道德以外的价值同样不可估高。剧本始终不受欢迎的剧作家，应镇静地考虑它们是否是坏剧本，他不该认定这个假定不能成立。如果他发觉这假定与事实相符，他就当像运用归纳法的哲学家一样，接受它。不错，历史上颇有怀才不遇的例子，但比起鱼目混珠的事实来不知要少几倍。假若一个人是时代不予承认的一个天才，那么他不管人家漠视而固执他的路线是对的。另一方面，假若他是没有才具而抱着虚荣心妄自尊大的人，那么他还是不坚持为妙。一个人如果自以为创造着不获赏识的杰作而苦恼，那是没有方法可以知道他究竟属于两者之中的哪一种。属于前者的时候，你的固执是悲壮的；属于后者的时候，你的固执便是可笑的了。你死去一百年后，可能猜出你属于那一类。目前，要是你疑心自己是一个天才而你的朋友认为并不的话，也有一个虽不永远可靠但极有价值的测验可以应用。这测验是：你的产生作品，是因为你感到迫切需要表白某些观念或情绪呢，抑或你受着渴望赞美的欲念鼓动？在真正的艺术家心中，渴望赞美的欲念尽管很强烈，究竟处于第二位，这是说：艺术家愿意产生某种作品，并希望这作品受到赞美，但即使没有将来的赞美，他也不愿改变他的风格。另一方面，求名成为基本动机的人，自身之内毫无力量促使他觅得特殊的一种表现，所以他做这一桩工作正如做另一桩全然不同的工作一样。像这类的人，倘若不能凭他的艺术来博得喝彩声的话，还是根本罢手为妙。再从广泛的方面讲，不问你在人生中占着何种等级，如果发觉旁人估量你的能力，不像你自己估量得那般高，切勿断定错误的是他们。你如这样想，便将信为社会上有一种共同的密谋要抑压你的价值，而这个信念准可成为不快乐的生活的因子。承认你的功绩并不如你所曾希望的那般大，一时可能是很痛苦的，但这是有穷尽的痛苦，等它终了以后，快乐生活便可能了。

我们的第三条格言是切勿苛求于人。一般有病的妇女，惯于期望女儿中间至少有一个完全牺牲自己，甚至把婚姻都牺牲掉，来尽她的看护之责。这是期望人家具有违反天性的利他心了，既然利他者的损失，远较利己者的所得为大。[1]在你和旁人的一切交接中，特别是和最亲近的与最心爱的，极重要而不常容易办到的

1　按此处所言利他者指女儿，利己者指母亲。

事，是要记住：他们看人生时所用的，是他们的角度和与他们有关的立场，而非你的角度和与你有关的立场。你对谁都不能希望他为了别人之故而破坏他生活的主要动向。有时候，可能有一种强烈的温情，使最大的牺牲也出之于自然，但当牺牲非出之于自然的辰光，就不该做此牺牲，而且谁也不该因此而受责备。人家所抱怨的别人的行为，很多只是一个人天然的自私自利，对另一人超出了界限的贪得无厌，表示健全的反应罢了。

第四条格言是，要明白别人想到你的时间，没有你想到自己的时间多。被虐狂患者以为各式各种的人，日夜不息的想法来替一个可怜的狂人罗织灾难；其实他们自有他们的事情、他们的兴趣。被虐狂症较浅的人，在类似的情形中看到人家的各种行为都与自己有关，而其实并不然。这个念头，当然使他的虚荣心感到满足。倘他是一个相当伟大的人物，这也许是真的。不列颠政府的行动，许多年中都为挫败拿破仑而发。但当一个并不特别重要的人妄想人家不断地想着他的时候，定是走上了疯症。譬如，你在什么公共宴会上发表了一篇演说。别的演说家中，有几人的照片在画报上披露了，而你的并不在内。这将如何解释呢？显而易见不是因为旁的演说家被认为比你重要，一定是报纸编辑的吩咐，特意不让你露面的。可是他们为何要这样吩咐呢？显而易见因为他们为了你的重要而怕你。在这种思想方式之下，你的相片的未被刊布，从藐视一变而为微妙的恭维了。但这一类的自欺，不能使你走向稳固可靠的快乐。你心底里明明知道事实完全相反，为要把这一点真理尽量瞒住你自己起计，你将不得不发明一串越来越荒唐的臆说。强使自己相信这些臆说，结果要费很大的气力。并且，因为上述的信念中间还含有另一信念，以为整个社会仇视你，所以你为保全自尊心计，不得不忍受另一种痛苦的感觉，认为你与社会不睦。建筑在自欺之上的满足，没有一种是可靠的。而真理，不管是如何的不愉快，最好还是一劳永逸地加以正视，使自己与之熟习，然后依照了真理把你的生活建造起来。

09

畏惧舆论

很少人能够快乐，除非他们的生活方式和世界观，大致能获得与他们在社会上有关系的人的赞同，尤其是和他们共同生活的人的赞同。近代社会有一种特色，即是它们分成许多道德观和信仰各个不同的派别。这种情形肇始于宗教改革，或者应该说源自文艺复兴，从那时以后，事态就愈趋愈分明。先是有旧教徒和新教徒之分，他们不但在神学上，抑且在不少比较实际的问题上歧异。再有贵族和中产阶级之别，前者可以允许的各种行为，后者是绝对不能通融的。又有自由神学派和自由思想者，不承认奉行宗教规则的义务。我们今日，在整个欧洲大陆上，社会主义者和非社会主义者之间又有极大的分野，不独限于政治，抑且涉及生活的各部门。在用英语的国土内，派别多至不可胜计。艺术被有些集团所崇拜，被另一些集团认为魔道，无论如何现代艺术总被认为邪恶。在某些集团中，尽忠于帝国是最高的德性，在别的集团中却是一桩罪行，又有些集团认为是愚事的一种。狃于习俗的人把奸淫看作罪大恶极，但极多人认为即使不足恭维至少也是可以原谅的。离婚在旧教徒中间是绝对禁止的，但多数非旧教徒以为那是婚姻制度必需的救济。

由于这些不同的看法，一个有某些嗜好与信念的人，处于一个集团中时可能觉得自己是一个放逐者，而在另一集团中被认为极其普通的人。多数的不快乐，尤其在青年中间，都是这样发生的。一个青年男子或女子，道听途说地摭拾了一些观念，但发觉这些观念在他或她所处的特殊环境中是被诅咒的，青年人很容易把他们所熟识的唯一的环境认作全社会的代表。他们难得相信，他们为了怕被认为邪恶而不敢承认的观点，在另一个集团或另一个地方竟是家常便饭。许多不必要的苦难，就是这样地由于对世界的孤陋寡闻而挨受的，这种受苦有时只限于青年时期，但终生忍受的也不在少。这种孤独，不但是痛苦之源，还要浪费许多精力去对敌意的环境维持精神上的独立，并且一百次有九十九次令人畏怯，不敢贯彻他们的思想以达到合理的结论。勃朗特姊妹[1]在印行作品之前从未遇到意气相投的人。这一点对于英雄式的、气魄雄厚的艾米莉·勃朗特固然不生影响，但对夏洛蒂·勃朗特当然颇有关系了，她虽有才气，大部分的观点仍不脱管家妇气派。同时代的诗人布莱克，像艾米莉一样，也过着精神极度孤独的生活，但也像她一样，有充分的强力足以消除孤独的坏影响，因为他永远相信自己是对的，批评他的人是错的。他对公众舆论的态度，读下面几行就可知道。

我认识的人中唯一不使我作呕的，

是斐赛利：他又是回教徒又是犹太人，

1 19世纪英国女作家，三姊妹皆以小说名世。

但在内心生活里具有这等毅力的人是不多的。友好的环境，几乎为每个人的快乐都是必需的。当然，大多人都处在同情的环境之内。他们青年时习染了流行的偏见，本能地承受了周围的信念和风俗。但有另一批少数的人物，其中包括着一切有些灵智的或艺术的价值的人，绝对不能取这种俯首帖耳的态度。假定有一个生在小乡镇里的人，从幼年起就发觉在他精神发展上必不可少的东西，全都遭受周围的白眼。假定他要念一些正经的书，别的孩子们就瞧不起他，教师们告诉他这类书是淆惑人心的。假如他关心艺术，伴侣们就认为他没有丈夫气，长辈又认为他不道德。假如他渴望无论怎样体面的前程，只消在他的集团里是不经见的，人们便说他傲慢，并说对他父亲适配的事应该对他也适配。倘他对父母的宗教主张或政治党派发表批评，很可能招惹严重的是非。为了这许多理由，在多数具有特殊价值的青年男女，少年时期是一个非常不快乐的时期。为一般比较平凡的伴侣，这倒是一个快乐和享受的辰光。至于他们，却热望着一些更严肃的事情，可是在他们特殊的社会集团内，在前辈和平辈身上都找不到这严肃的东西。

这等青年进入大学时，大概能发现一些气味相投的知己，享几年快乐生活。运气好的话，他们离开大学之后可以找到一项工作，使他们仍可能选择一般契合的伴侣。一个住在像伦敦、纽约那样的大都市里的聪明人，普通总可找到一个情投意合的集团，可无须受什么约束或装什么虚伪。但若他的工作迫使他住在一个较小的地方，尤其不得不对普通人士保持尊敬的时候，例如律师和医生的职业就得如此，那么他可能终生对大半日常遇见的人，瞒着他真正的嗜好和信念。这种情形在美国特别真切，因为幅员广大。在你最意料不到的地方，东、南、西、北，你会发现一些孤寂的人，从书本上得知在有些地方他们可能不孤独，但是没有机会住到那边去，即是知心的谈话也是绝无仅有。在这等情势之下，凡是性格不像布莱克那么坚强的人，就不能享有真正的幸福。假如要真正的幸福成为可能，那必须找到一些方法来减轻公众舆论的专横或逃避它，而且借助了这个方法，使聪明的少数分子能彼此认识而享受到互相交往之乐。

在好多情形中，不必要的胆怯使烦恼变得不必要的严重。公众舆论对那些显然惧怕它的人，总比对满不在乎的人更加横暴。狗对怕它的人，总比对不理不睬的人叫得更响，更想去咬他；人群也有同样的特点。要是你表示害怕，保准你给他们穷追，要是你若无其事，他们便将怀疑他们的力量而不来和你纠缠了。当然，我并不鼓吹极端的挑衅。倘你在肯新吞[1]主张在俄罗斯流行的见解，或在俄罗斯揭橥在肯新吞很平常的观点，你一定要受到后果。我所说的并非这样的极端，而是温和得多的背叛习俗的行为，例如衣冠不整，或是不隶属于某些教堂，或是不肯读优秀的书，等等。这一类的背叛，要是出之于不拘小节与和悦的态度，出之于自然而非挑衅的气概，那么即使最拘泥的社会也会容忍。久而久之你可取得大众承认的狂士地位，在别人身上不可饶恕的事情，在你倒可毋容禁忌。这大部分是性情温良与态度友好的问题。守旧的人所以要愤愤然地攻击背弃成法，大半因为他们认为

1　按系伦敦市区之一。

这种背弃无异是对他们的非议。假如一个人有充分的和悦与善意，令最愚蠢的人都明白他的行为全无指责他们的意思，那么很多违反习俗之事可以得到原谅。

然而这种逃避物议的方法，为那般以趣味或意见之故而绝对不能获得周围同情的人，是没有用处的。周围的缺少同情，使他们忐忑不安，常常取着好斗的态度，即使他们表面上证明，或设法避免任何尖锐的争执，也是徒然。因此，凡与自己集团中的习俗不和谐的人，常倾向于锋芒外露，心神不安，缺少胸怀开朗的好心情。这些人一旦走到另一个集团，走到他们的观点并不被认为奇怪的派别中去时，他们的性格似乎完全改变了。他们能从严肃、羞怯、缄默，一变而为轻快和富有自信；能从顽强一变而为和顺易与；能从自我中心一变而为人尽可亲。

所以凡是与环境不融洽的青年，在就业的时候，当尽量选取一桩能有气味相投的伴侣可以遇到的事业，即使要因之而减少收入也在所不顾。往往他们不知道这是可能的，因为他们对社会的认识有限，很容易把他们在家里看惯的偏见，误认为是普天下皆是。在这一点上，老一辈的人应该能予青年人很多助力，既然最重要的是对人类具有丰富的经验。

当此精神分析盛行的时代，极普通的办法是，认定一个青年和环境龃龉时，原因必在于什么心理上的骚乱。在我看来，这完全是一桩错误。譬如，假定一个青年的父亲相信进化是邪说。在这个情形之下，使他失去父母同情的，唯有“聪明”二字。与环境失和，当然是一桩不幸，但并非一定应该不惜任何代价去避免的不幸。遇到周遭的人愚蠢，或有偏见，或是残忍的时候，同他们失和倒是德性的一种标记。而上述的许多缺点，在某种程度内几乎在所有的环境中都存在。伽利略[1]与开普勒[2]有过像日本所称的“危险思想”，我们今日最聪明的人也大半如是。我们绝不该祝望，社会意识发展的程度，能使这样的人物惧怕自己的见解所能引起的社会仇视。所当祝望的，是寻出方法来把这仇视的作用尽量减轻和消灭。

在现代社会里，这个问题极大部分发生于青年界。倘然一个人一朝选择了适当的事业，进入了适当的环境，他大概总能免受社会的迫害了；但当他还年轻而他的价值未经试炼时，很可能被无知的人摆布，他们自认为对于一无所知的事情有资格批判，若使一个年纪轻轻的人胆敢说比有着多少人情世故的他们更懂得一件事情的话，他们便觉得受了侮辱。许多从无知的专制之下终于逃出来的人，会经历那么艰苦的斗争，挨过那么长时期的压迫，以致临了变得满腔悲苦，精力衰敝。有一种安慰人心的说法，说天才终归会打出他自己的路，许多人根据了这个原则便认为对青年英才的迫害，并不能产生多少弊害。但我们毫无应该接受这原则的论据，那种说教很像说凶手终必落网的理论。显然，我们所知道的凶手都是被捕的，但谁能说我们从未知道的凶手究竟有多少？同样，我们听到过的天才，固全都战胜了敌对的环境，但毫无理由说：并没有无数的天才在青年时被摧残掉。何况这不但是天才的问题，亦且是优秀分子的问题，这种才具对于社会也是同样重要啊。并且这也不但是好歹从舆论的专制之下挣扎出来就算的问题，亦且是挣扎出来时心中不悲苦，精力不衰竭的问题。为了这些理由，青春时期的生活不可过于艰苦。

---

1 伽利略（1564—1642），17世纪意大利天文家。
2 开普勒（1571—1630），17世纪德国天文家。

老年人用尊重的态度对付青年人的愿望，固然是可取的，但青年人用尊重的态度对付老年人的愿望却并不可取。理由很简单，就是在上述两种情形内，应该顾到的是青年人的生活，而非老年人的生活。但当青年人企图去安排老年人的生活时，例如反对一个寡居的尊亲再度婚嫁等，那么其荒谬正和老年人的企图安排青年人的生活一样。人不问老少，一到了自由行动的年纪，自有选择之权，必要时甚至有犯错误的权利。青年若是在任何重大的事情上屈服于老年人的压迫，便是冒失。譬如你是一个青年人，意欲从事舞台生活，你的父母表示反对，或者说舞台生活不道德，或者说它的社会地位低微。他们可能给你受各式各种的压力，可能说倘你不服从就要把你驱逐，可能说你几年之后定要后悔，也可能举出一连串可怕的例子，叙述一般青年莽莽撞撞地做了你现在想做的事，最后落得一个不堪的下场。他们的认为舞台生活与你不配，或许是对的；或者你没有演剧的才能，或者你的声音不美。然而倘是这种情形，你不久会在从事戏剧的人那边发现的，那时你还有充分的时间改行。父母的论据，不该成为使你放弃企图的充分的理由。倘你不顾他们的反对，竟自实现了你的愿望，那么他们不久也会转圜，而且转圜之快，远出于你的和他们的意料之外。但若在另一方面，有专家的意见劝阻你时，事情便不同了，因为初学的人永远应当尊重专家的意见。

我认为，以一般而论，除了专家的意见之外，大家对别人的意见总是过于重视，大事如此，小事也如此。在原则上，一个人的尊重公共舆论，只应以避免饥饿与入狱为限，逾越了这个界限，便是自愿对不必要的专制屈服，同时可能在各方面扰乱你的幸福。譬如，拿花钱的问题来说。很多人的花钱方式，和他们天生的趣味完全背驰，其原因是单单为了他们觉得邻居的敬意，完全靠着他们有一辆华丽的车子和他们的能够供张盛宴。事实是，凡是力能置备一辆车子，但为了趣味之故而宁愿旅行或藏书的人，结果一定比着附和旁人的行为更能受人尊敬。这里当然谈不到有意的轻视舆论，但仍旧是处于舆论的控制之下，虽然方式恰恰是颠倒。[1]但真正的漠视舆论是一种力量，同时又是幸福之源。并且一个社会里充满着不向习俗低首的男女，定比大家行事千篇一律的社会有意思得多。在每个人的性格个别发展的地方，就有不同的典型保存着，和生人相遇也值得了，因为他们绝不是我们已经遇见的人的复制品。这便是当年贵族阶级的优点之一，因为境遇随着出身而变易，所以行动也不致单调划一。在现代社会里，我们正在丧失这种社会自由的源泉，所以应当充分明白单纯划一的危险性。我不说人应当有意行动怪僻，那是和拘泥守旧同样无聊。我只说人应当自然，应当在不是根本反社会的范围之内，遵从天生的趣味。

由于交通的迅速，现代社会的人不像从前那样，必须依赖在地理上最接近的邻居了。有车辆的人，可把住在二十里以内的任何人当作邻居，因此他们比从前有更大的自由选择伴侣。在无论哪一个人烟稠密的邻境，一个人倘不能在二十里之内觅得相契的心灵，定是非常不幸的了。在人口繁盛的大中心，说一个人必须认识近邻这个观念早已消灭，但在小城和小乡村内依旧存在。这已经成为一个愚蠢的念头，既然我们已无须依赖最近的邻居做伴。慢慢地，选择伴侣可能以气质相投为主而不以地域接近为

1　一种是怕舆论，另一种是迎合舆论。其为舆论所役则一。

准。幸福是由趣味相仿、意见相同的人的结合而增进的。社交可能希望慢慢往这条路上发展，由是也可能希望现在多少不随流俗的人的孤独逐渐减少，以至于无。毫无疑问，这可以增进他们的快乐，但当然要减少迂腐守旧的人的快乐——目前他们确是以折磨反抗习俗的人为乐的。然而我并不以为这一种的乐趣需要加以保存。

畏惧舆论，如一切的畏惧一样，是难堪的，阻碍发育的。只要这种畏惧相当强烈，就不能有何伟大的成就，也不能获得真正的幸福所必需的精神自由，因为幸福的要素是，我们的生活方式必渊源于我们自己的深邃的冲动，而非渊源于做我们邻居或亲戚的偶然的嗜好与欲念。对近邻的害怕，今日当然已比往昔为少，但又有了一种新的害怕，怕报纸说话。这正如中古时代的妖巫一样的骇人。当报纸把一个也许完全无害的人选做一匹代罪的羔羊时，其结果将非常可怕。幸而迄今为止，对这种命运，多数的人还能因默默无闻之故而幸免。但报纸的方法日趋完备，这新式的社会虐害的危险，也有与日俱增之势。这是一件太严重的事情，受害的个人决不能以藐视了之。而且不问你对言论自由这大原则如何想法，我认为自由的界限，应当比现在的毁谤法律加以更明确的规定，凡使无辜的人难堪的行为，一律应予严禁，连人们实际上所作所为之事，也不许用恶意的口吻去发表而使当事人受到大众的轻视。然而，这个流弊的唯一最后的救济，还在于群众的多多宽容。增进宽容之法，莫如使真正幸福的人增多，因为唯有这等人才不会以苦难加诸同胞为乐。

幸福的原因

令人疲倦而长久之下令人气恼的事，
莫过于天天要努力相信一些事情，
而那些事情一天天地变得不可信。

10

快乐还可能么？

至此为止，我们一直研究着不快乐的人。如今我们可有较为愉快的工作，来研究快乐的人了。某些朋友的谈话和著作，几乎老是使我认为在现代社会里，快乐是一件不可能的事。然而我发觉由于反省，国外旅行，和我的园丁的谈话，上述的观点正在慢慢趋于消减。我的文艺界朋友的忧郁，在前面已经讨论过。在这一章里，我愿把我一生中遇到的快活人做一番考察。

快乐虽有许多等级，大体上可以分成两类：那可以说是自然的快乐和幻想的快乐，或者说是禽兽的快乐和精神的快乐，或者说是心的快乐和头脑的快乐。在这些名称中拣哪一对，当然是看你所要证明的题目而定。目前我并不要证明什么题目，不过想加以描写罢了。要描写这两种快乐之间的不同点，最简单的方法大概是说：一种是人人都可达到的，另一种是只有能读能写的人方能达到。当我幼年的辰光，我认识一个以掘井为业的极其快乐的人。他生得高大逾恒，孔武有力，但是目不识丁，当一八八五年他拿到一张国会选举票时，才初次知道有这样的制度存在。他的幸福并不有赖于智力方面的来源，也不依靠信仰自然律令，或信仰物种进化论，或公物公有论，或耶稣再生论，或是智识分子认为享受人生所必需的任何信念。他的快乐是由于强健的体力，充分的工作，以及克服在穿石凿井方面的并非不可克服的困难。我的园丁的快乐也属于这一类：他永久从事于扑灭兔子的战争，提起它们的口吻，活像苏格兰警场中人的提起布尔雪维克，他认为它们恶毒、奸刁、凶残，只能用和它们同样的诡谲去对付。好似瓦尔哈拉的英雄们[1]。每天都猎得一匹野熊一般，我的园丁每天都得杀死几个敌人，不过古英雄夜里杀的熊明天早上会复活，而园丁却无须害怕敌人下一天会失踪。虽然年纪已过七十，他整天工作着，来回骑着自行车走六十里山路；但他快乐的泉源简直汲取不尽，而供给这欢乐之源的就是“它们这些兔子”。

但你将说，这些简单的乐趣，对于像我们这样高等的人是无缘的。向如兔子般微小的动物宣战，能有什么快乐可言？这个论据，在我看来是很可怜的。一只兔子比一颗黄热病的微菌大得多了，然而一个高等的人照样可在和微菌的战争里觅得快乐。和我园丁的乐趣完全相同的乐趣，以情绪的内容来讲，连受最高教育的人都能领受。教育所造成的差异，只在于获取乐趣时的活动差异。因完成一件事情而产生的乐趣，必须有种种的困难，在事前似乎绝无解决之望，而结果总是完成。也许就为这个缘故，不高估自己的力量是一种幸福之源。一个估低自己的人，永远因成功而出惊；至于一个估高自己的人，却老是因失败而出惊。前一种的出惊是愉快的，后一种是不愉快的。所以过度自大是不智的，虽然也不可过度自卑以致减少进取心。

1　按瓦尔哈拉为斯堪地那维亚神话中英雄所居地。

社会上教育最高的部分内，目前最快乐的是从事科学的人。他们之中最优秀的分子，多数是情绪简单的，他们在工作方面获得那么深邃的满足，以致能够在饮食与婚姻上寻出乐趣来。艺术家与文人认为他们在结婚生活中不幸福是当然的，但科学家常常能接受旧式的家庭之乐。原因是，他们的智慧的较高部分，完全沉溺在工作里面，更无余暇去闯入它们无事可为的领域。他们在工作内能够快乐，因为在近代社会里科学是日新月异的、有权力的，因为它的重要性无论内外行都深信不疑的。因此他们无需错杂的情绪，既然较简单的情绪也不会遇到障碍。情绪方面的症结好比河中的泡沫。必须有了阻碍，破坏了平滑的水流才会发生。但只消生命力不受阻滞，就不会在表面上起皱纹，而生命的强力在一般粗心大意的人也不觉明显。

幸福的一切条件，在科学家的生活中全都实现了。他的活动使他所有的能力充分应用出来，他成就的结果，不但于他自己显得重要，即是完全茫然的大众也觉得重要无比。在这一点上，他比艺术家幸运多了。群众不能了解一幅画或一首诗的时候，就会断定那是一幅坏画或一首坏诗。群众不能了解相对论的时候，却断定（很准确地）自己的教育不够。所以爱因斯坦受到光荣，而最出色的画家却在顶楼上挨饿，所以爱因斯坦快乐而画家们不快乐。在只靠自己主张来对抗群众的怀疑态度的生活里，很少人能真正快乐，除非他们能躲在一个小集团里忘掉冷酷的外界。科学家可无须小组织，因为他除了同事以外受到个个人的重视。相反，艺术家所处的地位是很苦恼的，或是被人轻鄙，或是成为可鄙：他必须在此两者之间选择其一。假如他的力量是属于第一流的，若是施展出来，就得被人鄙视；若是不施展出来，就得成为可鄙的人物。但这并非永远如此、到处如此。有些时代，即使一般最卓越的艺术家，即使他们还年轻，便已受到尊重。于勒二世[1]虽然可能虐待米开朗琪罗，却从不以为他不能作画。现代的百万富翁，虽然可能对才力已衰的老艺术家大量资助，可从不会把他的工作看作和自己的一般重要。也许就是这些情形使艺术家通常不及科学家幸福。

我以为，西方各国最聪明的青年人在这一方面的不快乐，是由于他们最好的才具找不到适当的运用。但在东方各国，情形就不然了。聪明的青年，如今在俄国大概比在世界上任何旁的地方都要快活些。他们在那边有一个新世界要创造，有一股为创造新世界所必需的热烈的信仰。老的人物被处决了、饿死了、放逐了，或者用什么旁的方法消毒过了，使他们不能像在西方国家那样，再去强迫青年在做坏事和一事不做之间拣一条路走。在头脑错杂的西方人眼中，俄国青年的信仰可能显得不成熟，但这究竟有什么害处呢？他正创造着一个新世界。而新世界是一定投合他的嗜好的，一朝造成之后，几乎一定能使普通的俄国人比革命以前更幸福。那或者不是头脑错杂的西方智识分子能够幸福的世界，但他们用不到在那里过活啊。所以不论用何种实际主义的测验，青年俄罗斯的信仰总是显得正当的，至于用“不成熟”这名词来贬斥它，却只在理论上成立。

在印度、日本等东方国家，外部的政治情势常常牵涉着年轻的独立思想家的幸福，但是没有像西方那样的内部的阻碍。只要在青年眼中显得重要的活动成功，青年就觉得快乐。他们觉得自

1 按系16世纪时教皇。

己在民族生活里有一个重要的角色得扮演，于是竭力追求着这个虽然艰难但仍可能实现的目标。在西方受有最高教育的男女之间，玩世主义是极其流行的，而这玩世主义是“安乐”与“无能”混合起来的产物。“无能”令人感到世界上事事不足为，这个感觉当然是痛苦的，但因为有“安乐”在旁边，所以这痛苦并不尖锐到难以忍受的地步。在整个东方，大学生可以希望对公共舆论发生相当的影响，这是在现代的西方办不到的，但他在物质收入方面就远不及在西方那么有把握了。既不无能，又不安乐，他便变成一个改造家或革命党，但绝不是玩世者。改造家或革命党的快乐，是建筑在公共事业的进展上面的，但即使他在被人处决的时候，也许他还要比安乐的玩世主义者享受到更真实的快乐。

虽然如此，我不愿意说这些高傲的快乐是唯一可能的快乐。它们实际上只有少数人士可以几及，因为那是需要比较少有的才能和广博的趣味的。但在工作里面得到乐趣，并不限于出众的科学家，而宣扬某种主张的乐趣也不限于领袖的政治家。工作之乐，随便哪个能发展一些特殊巧技的人都能享受，只消他无须世间的赞美而能在运用巧技本身上获得满足。我认得一个从少年时代起就双腿残废的人，享着高寿，终身保持着清明恬适的快乐。他的达到这个境界，是靠着写一部关于玫瑰害虫的五大册的巨著，在这个问题上我一向知道他是最高的权威。我从来不认识多少贝壳学家，但从和他们有来往的人那边得知，贝壳研究的确使他们快慰。我曾记得一个世界上最优秀的作曲家，为一切追求新艺术的人所发现的；他的欢悦，并不因为人家敬重他的缘故，而是因为修积这项艺术就是一种乐趣，有如出众的舞蹈家在舞蹈本身上感到乐趣一样。我也认得一批作曲家，或是擅长数学，或是专攻景教古籍，或是楔形文字，或是任何不相干而艰深的东西。我不曾发觉这些人的私生活是否快乐，但在工作时间内，他们建设的本能确是完全满足了。

大家往往说，在此机械时代，匠人在精巧工作内所能感到的乐趣已远不如前。我绝对不敢断言这种说法是对的：固然，现在手段精巧的工人所做的东西，和中古时代匠人所做的完全两样，但他在机械经济上所占的地位依旧很重要。有做科学仪器和精细机械的工人，有绘图员，有飞机技师，有驾驶员，还有无数旁的行业可以无限制地发展巧艺。在比较原始的社会里，一般农业劳动者和乡下人，在我所能观察到的范围以内，不像一个驾驶员或引擎管理员一样的快活。固然，一个自耕农的劳作是颇有变化的：他犁田、播种、收割。但他受着物质元素的支配，很明白自己的附庸地位，不比那在现代机械上工作的人感到自己是有威力的，意识到人是自然力的主宰而非奴仆。当然，对于大多数的机械管理员，反复不已地做着一些机械的动作而极少变化，确是非常乏味的事，但工作愈乏味，便愈可能用一座机械去做。机械生产的最终鹄的——那我们今日的确还差得远——原是要建立一种体制，使一切乏味之事都归机械担任，人只管那些需要变化和发动的工作。在这样一个世界里，工作的无聊与闷人，将要比人类从事农耕以来的任何时代都大为减少。人类在采用农业的时候，就决意接受单调与烦闷的生活，以减少饥饿的危险。当人类以狩猎为生时，工作是一件乐事，现代富人们依旧干着祖先的这种营生以为娱乐，便是明证。但自从农耕生活开始之后，人类就进入长期的鄙陋、忧患、愚妄之境，直到机械兴起方始获得解救。提倡人和土地的接触，提倡哈代小说中明哲的农人们的成熟的智慧，对一般感伤论者固然很合脾胃，但乡村里每个青年的欲望，总是在城里找一桩工作，使他从风雪与严冬的孤寂之下逃出来，跑到工厂和电影院的抚慰心灵而富有人间气息的雾围中去。伙伴与合作，是平常人的快乐的要素，而这两样，在工业社会里所能获得的要比农业社会里的完满得多。

对于某件事情的信仰，是大多数人的快乐之源。我不只想到在被压迫国家内的革命党、社会主义者和民族主义者，我也想到许多较为微末的信仰。凡相信“英国人就是当年失踪的十部落”的人，几乎永远是快乐的，至于相信“英国人只是哀弗拉依和玛拿撒的部落”[1]的人，他们的幸福也是一样的无穷无极。我并不提议读者去接受这种信仰，因为我不能替建筑在错误的信仰之上的任何种快乐做辩护。由于同样的理由，我不能劝读者相信人应当单靠自己的癖好而生活，虽然以我观察所及，这个信念倒总能予人完满的快乐。但我们不难找到一些毫不荒诞之事，只要对这种事情真正感到兴趣，一个人在闲暇时就心有所归，不再觉得生活空虚了。

和尽瘁于某些暗晦的问题相差无几的，是沉溺在一件嗜好里面。当代最卓越的数字家之一，便是把他的时间平均分配在数学和集邮两件事情上面的。我猜想当他在数学方面没有进展的时候，集邮一定给他不少安慰。集邮所能治疗的悲哀，并不限于数学方面证题的困难，可以搜集的东西也不限于邮票。试想，中国古瓷、鼻烟壶、罗马古钱、箭镞、古石器等等所展开的境界，何等的使你悠然神往。固然，我们之中有许多人是太“高级了”，不能接受这些

1 按以上所云皆出《圣经》典故。

简单的乐趣；虽然我们幼年时都曾经历过来，但为了某些理由，以为它们对成人是不值一文的了。这完全是一种误解。凡是无害于他人的乐趣，一律都该加以重视。以我个人来说，我是搜集河流的：我的乐趣是在于顺伏尔加而下，逆扬子江而上，深以未见南美的亚马孙和俄利诺科为憾。这种情绪虽如此单纯，我却并不引以为羞。再不然，你可考察一下棒球迷的那种兴奋的快乐：他迫切地留心着报纸，从无线电中领受到最尖锐的刺激。我记得和美国领袖文人之一初次相遇的情形，从他的画里我猜想他是一个非常忧郁的人。但恰巧当时收音机中传出棒球比赛的最关紧要的结果，于是他忘记了我，忘记了文学，忘记了此世的一切忧患，听到他心爱的一队获得胜利时不禁欢呼起来。从此以后，我读到他的著作时，不再因想到他个人的不幸而觉得沮丧了。

虽然如此，在多数，也许大多数的情形中，癖好不是基本幸福之源，只是对现实的一种逃避，把不堪正视的什么痛苦暂时忘记一下。基本的幸福，其最重要的立足点是对人对物的友善的关切。

对人的友善的关切，是爱的一种，但并非想紧抓、想占有、老是渴望对方回报的那一种。这一种常常是不快乐的因子。促进快乐的那种关切，是喜欢观察他人，在他人的个性中感到乐趣，愿意使与自己有接触的人得有机会感到兴趣与愉快，而不想去支配他们或要求他们热烈崇拜自己。凡真用这等态度去对待旁人的人，定能产生快乐，领受到对方的友爱。他和旁人的交际，不问是泛泛的或严肃的，将使他的兴趣和感情同时满足。他不致尝到忘恩负义的辛酸味，因为一则他不大会遇到，二则遇到时他也不以为意。某些古怪的特性，使旁人烦躁不耐，但他处之泰然，只觉得好玩。在别人经过长期的奋斗而终于发觉不可达到的境界，他却毫不费力地达到了。因为本身快乐，他将成为一个愉快的伴侣，而这愈益加增了他的快乐。但这一切必须出之于自然，决不可因责任的意识心中存在着自我牺牲的观念，再把这个观念作为关切旁人的出发点。责任意识在工作上是有益的，但在人与人的关系上是有害的。人愿意被爱，却不愿被人家用着隐忍和耐性勉强敷衍。个人的幸福之源固然不少，但其中最主要的一个恐怕就是：自动地而且毫不费力地爱许多人。

我在上一节里也曾提到对物的友善的关切。这句话可能显得勉强，你可以说对物的友善的关切是不可能的。然而，一个地质学家之于岩石，一个考古学家之于古迹，那种关切里面就有友善的成分。我们应当用以对付个人或社会的，也许就是这种关切。对物的关切，可能是恶意的而非善意的。一个人可能搜集有关蜘蛛产生地的材料，因为他恨蜘蛛而想住到一个蜘蛛较少的地方去。这种兴趣，决不会给你像地质学家在岩石上所得到的那种满足。对于外物的关切，在每个人的快乐上讲，虽或不及对同胞的关切那么可贵，究竟是很重要的。世界广大，人力有限。假定我们全部的幸福完全限制在我们个人的环境之内，那么我们就很难避免向人生过事诛求的毛病。而过事诛求的结果，一定使你连应得的一份都落空。一个人能凭借一些真正的兴趣，例如德朗会议[1]或星辰史等，而忘记他的烦虑的话，当他从无人格的世界上旅行回来时，定将发觉自己觅得了均衡与宁静，使他能用最高明的手段去对付他的烦虑，而同时也尝到了真正的、即使是暂时的幸福。

1 按系16世纪时旧教会议。

幸福的秘诀是：让你的兴趣尽量地扩大，让你对人对物的反应，尽量地倾向于友善。

这是对于幸福的可能性的初步考察，在以后各章中，我将把这考察加以扩充，同时提出一些方案，来避免忧患的心理方面的原因。

11

兴 致

在这一章里，我预备讨论我认为快乐人的最普通、最显著的标记——兴致。

要懂得何谓兴致，最好是把人们入席用餐时的各种态度考察一下。有些人把吃饭当作一件厌事，不问食物如何精美，他们总丝毫不感兴味。从前他们就有过丰盛的饭食，或者几乎每顿都如此精美。他们从未领略过没有饭吃而饿火中烧的滋味，却把吃饭看作纯粹的刻板文章，为社会习俗所规定的。如一切旁的事情一样，吃饭是无聊的，但用不到因此而大惊小怪，因为比起旁的事情来，吃饭的纳闷儿是最轻的。然后，有些病人抱着责任的观念而进食，因为医生告诉他们，为保持体力起计必须吸收一些营养。然后，有些享乐主义者，高高兴兴地开始，却发觉没有一件东西烹调得够精美。然后又有些老饕，贪得无厌地扑向食物，吃得太多，以致变得充血而大打其鼾。最后，有些胃口正常的人，对于他们的食物很是满足，吃到足够时便停下。凡是坐在人生的筵席之前的人，对人生供应的美好之物所取的各种态度，就像坐在饭桌前对食物所取的态度。快乐的人相当于前面所讲的最后一种食客。兴致之于人生正如饥饿之于食物。觉得食物可厌的人，无异受浪漫底克忧郁侵蚀的人。怀着责任心进食的人不啻禁欲主义者，饕餮之徒无殊纵欲主义者。享乐主义者却活像一个吹毛求疵的人，把人生半数的乐事都斥为不够精美。奇怪的是，所有这些典型的人物，除了老饕以外，都瞧不起一个胃口正常的人而自认为比他高一级。在他们心目中，因为饥饿而有口腹之欲是鄙俗的，因人生有赏心悦目的景致，出乎意料的阅历而享受人生，也是不登大雅的。他们在幻灭的高峰上，瞧不起那些他们视为愚蠢的灵魂。以我个人来说，我对这种观点完全不表同情。一切的心灰意懒，我都认为是一种病，固然为有些情势所逼而无可避免，但只要它一出现，就该设法治疗而不当视为一种高级的智慧。假定一个人喜欢杨梅而一个人不喜欢，后者又在哪一点上优于前者呢？没有抽象的和客观的证据可以说杨梅好或不好。在喜欢的人，杨梅是好的；在不喜欢的人，杨梅是不好的。但爱杨梅的人享有旁人所没有的一种乐趣，在这一点上他的生活更有趣味，对于世界也更适应。在这个琐屑的例子上适用的原则，同样也适用于更重大的事。以观看足球赛为乐的人，在这个限度以内要比无此兴趣的人为优胜。以读书为乐的人要比不以此为乐的人更加优胜得多，因为读书的机会较多于观足球赛的机会。一个人感兴趣的事情越多，快乐的机会也越多，而受命运拨弄的可能性也越少，因若他失掉一样，还可亡羊补牢，转到另一样上去。固然，生命太短促，不能对事事都感兴趣，但感到兴趣的事情总是多多益善，以便填补我们的日子。我们全都有内省病的倾向，尽管世界上万千色相罗列眼底，总是掉首不顾而注视着内心的空虚。但切勿以为在内省病者的忧郁里面有何伟大之处。

从前两架制肠机，构造很精巧，用来把猪肉制成最精美的香肠。其中的一架保持着对猪肉的兴致，制造着无数的香肠；另一架却说："猪肉于我何用哉？我自身的工作要比任何猪肉都更奇妙都更有味。"于是它丢开猪肉，专事研究自己的内部。当它摒弃了天然的食粮之后，它的内部就停止工作，而它越研究内部越发觉它的空虚与愚妄。一向把猪肉制成香肠的机械依旧存在，但它彷徨无措，不知这副机械能做些什么。这第二架制肠机就像失去兴致的人，至于第一架则保留着兴致的人。头脑是一架奇特的机器，能把手头的材料用最惊人的方式配合起来，但没有了外界的素材就一无能力，且不像制肠机那样拿它现在的材料就行，因为外界事故只有在我们对之感到兴味时才能化作经验：倘事故不能引起我们趣味，就对我们毫无用处。所以一个注意力向内的人发觉没有一件事情值得一顾，而一个注意力向外的人，偶然反省自己的心灵时，会发觉种种繁复而有意思的分子都被剖解了，重新配成美妙的或有启迪性的花样。

兴致的形式，多至不可胜计。我们记得，福尔摩斯[1]在路上拾得一顶帽子。审视了一会儿之后，他推定这帽子的主人是因酗酒而堕落的，并且失掉了妻子的爱情。对偶然的事故感到如此强烈的兴味的人，决不会觉得人生烦闷。试想在乡村走道上所能见到的各种景色吧。一个人能对禽鸟发生兴味，另一个可能对草木发生兴味，再有人关心地质，还有人注意农事，诸如此类，不胜枚举。这些东西里面随便哪样都是有味的，只要它使你感到兴味，而且因为其余的东西都显得不分轩轾了，所以一个对其中之

1 按即指道尔爵士所著福尔摩斯侦探小说中之主角。

一感到兴味的人要比不感到兴味的人更适应世界。

再有，各种不同的人对待同族同类的态度又是怎样的歧异。一个人，在长途的火车旅行中完全不会注意同路的旅客，而另一个却把他们归纳起来，分析他们的个性，巧妙地猜测他们的境况，甚至会把其中某几个人的最秘密的故事探听出来。人们对旁人的感觉各个不同，正如对旁人的猜测各个不同一样。有的人觉得几乎个个人可厌，有的人却对遇到的人很快、很容易地养成友好之感，除非有何确切的理由使他们不如是感觉。再拿像旅行这样的事来说：有些人可能游历许多国家，老是住在最好的旅馆里，用着和在家完全相同的饭餐，遇到和本地所能遇到的相同的、有闲的富人，谈着和在家里饭桌上相同的题目。当他们回家时，因为花了大钱的旅行终于无聊地挨受完结，而感到如释重负一般的快慰。另外一些人，却无论走到哪里都看到特别的事物，结识当地的典型人物，观察着一切有关历史或社会的有味的事，吃着当地的饭食，学习当地的习惯和语言，满载着愉快的思想回家过冬。

在所有这些不同的情景内，对人生有兴致的人总比没有兴致的人占便宜。对于他，连不愉快的经验都有用处。我很高兴曾经闻到中国平民社会和西西里乡村的气味，虽然我不能说当时真感有什么乐趣。冒险的人对于沉船、残废、地震、火灾，以及各式各样不愉快的经历都感到兴味，只要不致损害他的健康。譬如，他们在地震时会自忖道："哦，地震原来是这么一回事。"并且因为这件新事增进了他们的处世经验而快乐。要说这样的人不受运命支配，自然是不确的，因若他们失掉了健康，他们的兴致很可能同时化为乌有——但也并不一定如此。我曾认识一般在长期受罪之后死去的人，他们的兴致几乎保持到最后一刻。有几种的不健康破坏兴致，有几种却并不。我不知生物化学家能否分别这些种类。也许当生物化学更进步时，我们可以服用什么药片来保持我们对一切事物的兴趣。但在这样的一天尚未来到时，我们只能凭借对人生的合乎常理的观察，来判断究竟是什么原因使某些人事事有味而某些人事事无味。

兴致有时是一般的，有时是专门化的。的确，它可能非常的偏于一方面。读过博罗[1]的著作的人，当能记忆在《拉凡格罗》一书中的一个人物。他丧失了一生敬爱的妻子，在一时期内觉得人生完全空虚。但他的职业是茶商，为使生活易于挨受起计，他独自去读在他手里经过的茶砖上的中国字。结果，这种事情使他对人生有了新的兴味，热诚地开始研究一切有关中国的东西。我曾认识一些人专事寻觅一切基督教初期的传说，又有些人的主要兴味却是校勘霍布斯[2]的原稿和初版版本。要预先猜出何物能引起一个人的兴味是绝对不可能的，但大多数人都能对这样或那样感到极强烈的兴趣，而这等兴趣一朝引动之后，他们的生活就脱离了烦闷。然而在促进幸福的功用上，极其特殊的兴致总不及对人生的一般的兴致，因为它难以填补一个人全部的时间，关于癖好的特殊事物所能知道的事情，可能在末了全部知道，使你索然兴尽。

还须记得，在我们列举的各种食客中间，包括饕餮者，那是我们不预备加以赞扬的。读者或将认为，在我们赞美的有兴致的人和饕餮者中间并无确切的区别。现在我们应当使这两个典型的界限格外显明。

1　博罗（1803—1881），19世纪英国游历家。

2　霍布斯（1588—1679），17世纪英国哲学家。

大家知道，古人把中庸之道看作主要德性之一。在浪漫主义和法国大革命的影响之下，许多人都放弃了这个观点而崇拜激昂的情绪，即使像拜伦的英雄们所有的那种含有破坏性和反社会性的激情，也一样受人赞美。然而在这个问题上，显然古人是对的。在优美的生命中，各种不同的活动之间必须有一个均衡，绝不可把其中之一推到极端，使其余的活动不可能。饕餮者把一切旁的乐趣都为了口腹之欲而牺牲，由是减少了他的人生快乐的总量。除了口腹之欲以外，很多旁的情欲都可同样地犯过度之病。约瑟芬皇后[1]在服饰方面是一个饕餮者。初时拿破仑照付她的成衣账，虽然附加着不断地警告。终于他告诉她实在应该学学节制，从此他只付数目合理的账了。当她拿到下一次的成衣账时，曾经窘了一下，但立即想出了一个计划。她去见陆军部长，要求他从军需款项下拨款支付。部长知道她是有把他革职之权的，便照她的吩咐办了，结果是法国丢掉了热那亚。这至少在有些著作里说的，虽然我不敢担保这件故事完全真确。但不问它是真实的或夸张的，对于我们总是同样有用，因为由此可见一个女人为了服饰的欲望，在她能够放纵时可以放纵到怎样的田地。嗜酒狂和色情狂是同类的显著的例子。在这等事情上面的原则是非常明显的。我们一切独立的嗜好和欲望，都得和人生一般的组织配合。假如要使那些嗜好和欲望成为幸福之源，就该使它们和健康，和我们所爱的人的感情，和我们社会的关系，并存不悖。有些情欲可以推之任何极端，不致超越这些界限，有些情欲却不能。譬如说，假令爱好下棋的人是一个单身汉，有自立的能力，那么他丝毫不

1 按系指拿破仑发妻。

必限制他的棋兴；假令他有妻子儿女，并且要顾到生活，那他必得严格约束他的嗜好。嗜酒狂与饕餮者即使没有社会的束缚，在他们自身的利害上着想也是不智的，既然他们的纵欲要影响健康，须臾的快乐要换到长时期的苦难。有些事情组成一个基本的体系，任何独立的情欲都得生活在这个体系里面，倘使你不希望这情欲变成苦难的因子。那些组成体系的事是：健康，各部官能的运用，最基本的社会责任，例如对妻子和儿女的义务等。为了下棋而牺牲这一切的人，其为害不下于酒徒。我们所能为他稍留余地的唯一的理由，是这样的人不是一个平凡之士，唯有多少禀赋不寻常的人才会沉溺于如此抽象的游戏。希腊的节制教训，实际上是对这些例子都可应用。相当地爱好下棋，以致在工作时间内想望着夜晚可能享受的游戏，这样的人是幸运的，但荒废了工作去整天下棋的人就丧失了中庸之德。据说托尔斯泰在早年颓废的时代，为了战功而获得十字勋章，但当授奖的时候，他方专心致志于一局棋战，竟至决定不去领奖。我们很难在这一点上批评托尔斯泰不对，因为他的得到军事奖章与否是一桩无足重轻的事，但在一个较为平凡的人身上，这种行为就将成为愚妄了。

为把我们才提出的中庸主义加以限制起计，必须承认有些行为是被认为那样的高贵，以致为了它们而牺牲一切旁的事情都是正当的。为保卫国家而丧生的人，决不因他把妻儿不名一文地丢在世上而受到责难。以伟大的科学发现或发明为目标而从事实验工作的人，也决不因为他使家族熬受贫穷而受到指摘，只消他的努力能有成功之日。虽然如此，倘若他始终不能完成预期的发现或发明，他定将被舆论斥为狂人，而这是不公平的，因为没有人能在这样一件事业里预操成功之券。在基督纪元的最初千年内，一个遗弃了家庭而隐遁的人是被称颂的，虽然今日我们或许要他留些活命之计给家人。

我想在饕餮者和胃口正常的人中间，总有些深刻的心理上的不同。一个人听任一种欲望放肆无度，以致牺牲了一切别的欲望时，他心里往往有些根子很深的烦恼，竭力设法避免着幽灵。以酒徒来说，那是很明显的：他们为了求遗忘而喝酒。倘他们生活之中没有幽灵，便不致认为沉醉比节制更愉快。好似传说中的中国人所说的："不为酒饮，乃为醉饮。"这是一切过度和单方面的情欲的典型。所寻求的并非嗜好物本身的乐趣，而是遗忘。然而遗忘之道亦有大不相同的两种，一是用愚蠢的方法获致的，一是以健全的官能运用获致的。博罗的那个朋友自修汉文以便忍受丧妻之痛，当然是在寻求遗忘，但他借以遗忘的是毫无坏处的活动，倒反能增进他的智力和智识。对于这一类方式的逃避，我们毫无反对的理由。但对于以醉酒、赌博，或任何无益的刺激来求遗忘的人，情形便不同了。固然，还有范围更广的情形。对一个因为觉得人生无聊而在飞机上或山巅上愚妄地冒险的人，我们又将怎么说？假如他的冒险是有裨于什么公众福利，我们能赞美他，否则我们只认为他比赌徒和酒鬼略胜一筹罢了。

真正的兴致（不是实际上寻求遗忘的那种），是人类天然的救济物的一部分，除非它被不幸的境遇摧毁。幼年的儿童对所见所闻的一切都感到兴趣；在他们看来，世界充满着惊奇的东西，他们永远抱着一腔热诚去追求智识，当然不是学校里的知识，而是可使他们和吸引他们注意的东西厮熟的知识。动物，即使在成年之后，只消在健康状况中，依旧保持着它们的兴致。一头猫进入一间陌生的屋子，坐下之前必先在屋角四周嗅遍，看有什么耗子的气味闻到。一个从未受到重大阻逆的人，能对外界保持兴致，而只要能保持兴致，便觉得人生愉快，除非他的自由受到什么过分的约束。文明社会里的丧失兴致，大部分是由于自由被限制，而这种限制对于我们的生活方式倒又是必要的。野蛮人饥饿时去打猎，他这样做的时候是凭着直接的冲动。每天清早在一定的钟点上去上工的人，基本上也是由于同样的冲动，就是说他需要保障生活；但在他的情形内，冲动并不对他直接起作用，而且冲动发生的时间与行动的时间也不一致：对他，冲动是间接地由于空想、信念和意志而起作用。在一个人出发工作时，他并不觉得饥饿，既然他才用过早餐。他只知道饥饿会重临，去上工是为疗治将来的饥饿。冲动是不规则的，至于习惯，在文明社会里却是有规则的。在野蛮人中，连集团的工作也是自发的，由冲动来的。一个部落出发作战时，大鼓激起战斗的热情，群众的兴奋使每个人感到眼前的活动是必需的。现代的工作可不能用这种方法来安排。一列火车将要起程时，绝不能用野蛮人的音乐来煽动脚夫、司机和扬旗手。他们的各司其事只是因为事情应得做，换言之，他们的动机是间接的：他们并无要做这些活动的冲动，只想去获得活动的最后酬报。社会生活中一大部分都有同样的缺陷。人们互相交接，并非因为有意于交接，而是因为希望能从合作上获得些最后的利便。因冲动的被限制，使文明人在生活中每一刹那都失去自由：假如他觉得高兴，他不可在街上唱歌或舞蹈；假如他悲哀，他不可坐在阶上哭泣，以免妨碍行人交通。少年时，他的自由在学校里受限制，成年时，在工作时间内受限制。这一切都使兴致难以保存，因为不断的束缚产生疲劳与厌倦。然而没有大量的束缚加于自发的冲动，就不能维持一个文明社会，因为自发的冲动只能产生最简单的社会合作，而非现代经济组织以需要的错综复杂的合作。要凌驾这些阻碍兴致的东西，一个人必须保有健康和大量的精力，或者，如果他幸运的话，有一桩本身便有趣的工作。据统计所示，近百年来健康在一切文明国内获有迅速的进步，但精力就不易测量了，并且我怀疑在健康时间内的体力是否和从前一样强。在此，大部分是社会问题，为我不预备在本书内讨论的。但这问题本身也有个人的和心理的一方面，为我们在论列疲劳时已经检讨过的。有些人尽管受着文明生活的妨碍，依然保存着兴致，而且很多人能做到这一步，仿佛他们并无内心的冲突使他们消耗大部分的精力。兴致所需要的，是足以胜任必要工作以上的精力，而精力所需要的又是心理机械的运用裕如。至于怎样促进心理机械的运用，当在以后几章内再行详论。

在女人方面，由于误解“体统”之故，大大地减少了兴致，这种情形现在虽比从前为少，但依旧存在。大家一向认为女人不该很显露地关切男人，也不该在大众前面表示过分的活跃。她们学着对男子淡漠，就学着对一切的事情淡漠，至多只关心举止端方这一点。教人对人生取停滞和后退的姿态，明明是教人和兴致不两立，鼓励自我沉溺，这是极讲体统的女人的特征，尤其是那般未受教育的。她们没有普通男人对运动的兴趣，没有对政治的兴趣，对男人取着远避的态度，对女人抱着暗暗仇视的心思，因为她们相信旁的女子不像自己那么规矩。她们以离群索居自豪，就是说以对于同族同类的漠不关心为品德。当然，我们不应责备她们这些，她们只是接受流行了数千年的女子的道德教训罢了。然而她们做了压迫制度的牺牲品，连这个制度的不公平都不曾觉察。她们认为，一切的偏狭是善的，一切的宽宏慷慨是恶的。在她们的社会圈内，她们竭力去做一切毒害欢乐之事，在政治上她们欢喜采用高压手段的立法。幸而这种典型日渐少见，但仍占着相当的优势，远非生活在解放社团内的人所能想象。谁要怀疑这个说数，可以到若干寄宿舍里去走一遭，注意一下那些女主人。你将发现她们的生活建筑在“女德”这个观念之上，其要点是摧毁一切对人生的兴致，结果是她们的心和脑的萎缩。在合理的男德和女德之间，并无差别，无论如何并无传统所说的那种差别。兴致是幸福和繁荣的秘诀，对男人如此，对女人亦然如此。

12

情　爱

缺少兴致的主要原因之一，是一个人觉得不获情爱；反之，被爱的感觉比任何旁的东西都更能促进兴致。一个人觉得不被爱，可有许多不同的理由。他或者自认为那么可憎，以致没有人能爱他；他或者在幼年时受到的情爱较旁的儿童为少；或者他竟是无人爱好的家伙。但在这后面的情形中，原因大概在于因早年的不幸而缺少自信。觉得自己不获情爱的人，结果可能采取各种不同的态度。他可能用拼死的努力去赢取情爱，或许用非常热爱的举动做手段。然而在这一点上他难免失败，因为他的慈爱的动机很易被受惠的人觉察，而人类的天性是对最不要求情爱的人才最乐意给予情爱。所以，一个竭力用仁慈的行为去博取情爱的人，往往因人类的无情义而感到幻灭。他从未想到，他企图获得的温情比他当作代价一般支付出去的物质的恩惠，价值要贵重得多，然而他的行为的出发点就是这以少博多的念头。另外一种人觉得不被爱之后可能对社会报复，或是用煽动战争与革命的方法，或是用一支尖刻的笔，像斯威夫特[1]那样。这是对于祸害的一种壮烈的反动，需要刚强的性格方能使一个人和社会处于敌对地位。很少人能达到这样的高峰；最大多数的男女感到不被爱时，都沉溺在胆怯的绝望之中，难得遇有嫉妒和捉弄的机会便算快慰了。普通这样的人的生活，总是极端以自己为中心，而不获情爱又使他们觉得不安全，为逃避这不安全感起计，他们本能地听任习惯来完全控制他们的生活。那般自愿做刻板生活的奴隶的人，大抵是由于害怕冷酷的外界，以为永远走着老路便可不致堕入冷酷的外界中去。

凡是存着安全感对付人生的人，总比存着不安全感的人幸福得多，至少在安全感不曾使他遭遇大祸的限度之内。[2]且在大多数的情形中，安全意识本身就能助人避免旁人必不可免的危险。倘你走在下临深渊的狭板之上，你害怕时比你不害怕时更容易失足。同样的道理可应用于人生。当然，心无畏惧的人可能遇着横祸，但他很可能渡过重重的难关而不受伤害，至于一个胆怯的人却早已满怀怆恫了。这一种有益的自信方式的确多至不可胜数。有的人不畏登山，有的人不畏渡海，有的人不畏航空。但对于人生一般的自信[3]，比任何旁的东西都更有赖于获得一个人必不可少的那种适当的情爱。我在本章内所欲讨论的，便是把这种心理习惯当作促成兴致的原动力看待。

产生安全感觉的，是“受到的”而非“给予的”情爱，虽在大多数的情形中是源于相互的情爱。严格说来，能有这作用的，

1 按斯氏在英国文人中为最强悍之笔战家。

2 按意为太存着安全感，亦能令人以懈怠而致大祸。

3 按自信与无畏在此为同义字。

情爱之外还有钦佩。凡在职业上需要公众钦佩的人，例如演员、宣道师、演说家、政治家等等，往往越来越依靠群众的喝彩声。当他们受到应得的群众拥护的酬报时，生活是充满着兴致的，否则他们便满肚皮的不如意而变得落落寡合。多数人的广大的善意之于他们，正如少数人的更集中的情爱之于另一般人。受父母疼爱的儿童，是把父母的情爱当作自然律一般接受的。他不大想到这情爱，虽然它于他的幸福是那么重要。他想着世界，想着所能遭逢的奇遇，想着成人之后所能遭逢的更美妙的奇遇。但在所有这些对外的关切后面，依旧存着一种感觉，觉得在祸害之前有父母的温情保护着他。为了什么理由而不得父母欢心的儿童，很易变成胆怯而缺乏冒险性，充满着畏惧和自怜的心理，再也不能用快乐的探险的心情去对付世界。这样的儿童可能在极低的年龄上便对着生、死和人类命运等等的问题沉思遐想。他变成一个内省的人，先是不胜悲抑，终于在哲学或神学的什么学说里面去寻求非现实的安慰。世界是一个混乱无秩序的场合，愉快事和不愉快事颠颠倒倒地堆在一块。要想在这中间理出一个分明的系统或范型来，骨子里是由恐惧所致，事实上是由于害怕稠人广众的场合，或畏惧一无所有的空间。一个学生在书斋的四壁之间是觉得安全的。假如他能相信宇宙是同样的狭小，那么他偶然上街时也能感到几乎同样的安全。这样的人倘曾获得较多的情爱，对现实世界的畏惧就可能减少，且也无须发明一个理想世界放在信念里了。

虽然如此，绝非所有的情爱都能鼓励冒险心。你给予人的情爱，应当本身是强壮的而非畏怯的，希望对方卓越优异的心理，多于希望对方安全的心理，虽不是绝对不顾到安全问题。倘若胆怯的母亲或保姆，老对儿童警告着他们所能遇到的危险，以为每条狗会咬，每头牛都是野牛，那么可能使孩子和她一般胆怯，使他觉得除了和她挨在一起之外便永远不安全。对于一个占有欲过分强烈的母亲，儿童的这种感觉也许使她快慰：她或者希望他的依赖她，甚于他有应付世界的能力。在这情形中，孩子长大起来，或竟会比完全不获慈爱的结果更坏。幼年时所养成的思想习惯可能终身摆脱不掉。许多人在恋爱时是在寻找一个逃避世界的托庇所，在那里他们确知即在不值得钦佩时也能受到钦佩，不当赞美时也能受到赞美。家庭为许多男人是一个逃避真理的地方，恐惧和胆怯使他们感到结伴之乐，因为在伴侣之间这些感觉可以抑压下去。他们在妻子身上寻找着从前在不智的母亲身上可以得到的东西，可是一朝发觉妻子把他们当作大孩子看时，他们倒又惊愕起来了。

要把最妥善的一种情爱下一界说，绝不是容易的事，因为显而易见其中总有些保护的成分。我们对所爱的人受到的伤害不能漠不关心。然而我以为，对灾患的畏惧，不能和对实在灾患表示同情相比，它应该在情爱里面占着极小的部分。替旁人担心，仅仅比替自己担心略胜一筹。而且这种种是遮饰占有欲的一种烟幕。我们希望引起他们的恐惧来使他们更受自己控制。当然这是男子欢喜胆怯的女人的理由之一，因为他们从保护她们进而占有她们。要说多少分量的殷勤关切才不致使受惠者蒙害，是要看受惠者的性格而定的：一个坚强而富有冒险性的人，可以担受大量的温情而无害，至于一个胆怯之士却应该让他少受为妙。

受到的情爱具有双重的作用。至此为止，我们把它放在安全一块讨论着，但在成人生活中，它还有更主要的生物学上的目标，即是做父母的问题。不能令人对自己感到性爱，对任何男女是一桩重大的不幸，因为这剥夺了他或她人生所能提供的最大的欢乐。这种丧失几乎迟早会摧毁兴致而置人于孤寂自省之境。然而往往早年所受的灾祸造成了性格上的缺陷，成为日后不能获得爱情的原因。这一点或在男人方面比在女人方面更真切，因为大体上女人所爱于男人的是他们的性格，而男人所爱于女人的是她们的外表。在这方面说，我们必得承认男人显得不及女人，因为男人在女人身上认为可喜的品质，还不如女人在男人身上认为可喜的品质来得有价值。可是我决不说好的性格比着好的外表更易获得。不过女人比较能懂得获致好的外表的必要步骤，而男人对获致好的品格的方法却不甚了解。

至此为止，我们所谈的情爱是以人为客体的，即是一个人受到情爱。现在我愿一谈以人为主体的，即是一个人给予的情爱。这也有两种，一种也许最能表现对人生的兴致，一种却表现着恐惧。我觉得前者是完全值得赞美的，后者至多不过是一种安慰。假如你在晴好的日子沿着秀丽的海岸泛舟游览，你会赏玩海岸之美，感到一种乐趣。这种乐趣是完全从外展望得来的。和你任何急迫的需要渺不相关。反之，倘使你的船破了，你向着海岸泅去时，你对海岸又感到一种新的情爱：那是代表波涛中逃生的安全感，此时海岸的美丑全不相干了。最好的情爱，相当于一个人的船安全时的感觉，较次的情爱，相当于舟破以后逃生者的感觉。要有第一种情爱，必须一个人先获安全，或至少对遭遇的危险毫不介意；反之，第二种情爱是不安全感的产物。从不安全感得来的情爱，比前一种更主观，更偏于自我中心，因为你所爱的人是为了他的助力而非为了他原有的优点。可是我并不说这一种的温情在人生中没有正当的作用。事实上，几乎所有真实的情爱都是由上述两种混合而成的，并且只要温情把不安全感真正治好的时候，一个人就能自由地对世界重新感到兴趣，而这兴趣在危险与恐怖的时间是完全隐蔽着的。但即使承认不安全感所产生的情爱在人生也有一部分作用，我们还得坚持它不及另一种有益，因为它有赖于恐惧，而恐惧是一种祸害，也因为它令人偏于自我集中。在最好的一种情爱里，一个人希望着一桩新的幸福，而非希望逃避一件旧的忧伤。

最好的一种温情是双方互受其惠的。彼此很欢悦地接受，很自然地给予，因为有了互换的快乐，彼此都觉整个的世界更有趣味。然而，还有一种并不少见的情爱，一个人吸收着另一个的生命力，接受着另一个的给予，但他这方面几乎毫无回报。有些生机旺盛的人便属于这吸血的一类。他们把一个一个的牺牲者的生命力吸吮净尽，但当他们发扬光大时，那些被榨取的人却变得苍白，阴沉而麻木了。这等人利用旁人，把他们当作工具来完成自己的目标，却从不承认他们也有他们的目标。他们一时以为爱着什么人，其实根本不曾对这个人发生兴趣。他们只关心鼓舞自己活动的刺激素，而所谓他们的活动也许是完全无人格性的那种。这种情形显然是从他们性格的缺陷上来的，但这缺陷既不易诊断也不易治疗。它往往和极大的野心相连，且也由于他们把人类幸福之源从单方面去看的缘故。情爱，在两人真正相互的关切上说，不单是促成彼此福利的工具，且是促成共同的福利的工具，是真正幸福的最重要因素之一。凡是把“自我”拘囚在四壁之内不令扩大的人，必然错失了人生所能提供的最好的东西，不论他在事业上如何的成功。一个人或是少年时有过忧伤，或是中年时受过侵害，或是有任何足以引起被虐狂的原因，才使他对人类抱着愤懑与仇恨，以致养成了纯粹的野心而排斥情爱。太强的自我是一座牢狱，倘你想完满地享受人生，就得从这牢狱中逃出来。能有真正的情爱，便证明一个人已逃出了自己的樊笼。单单接受情爱是不够的；你受到的情爱，应当把你所要给予的情爱激发起来；唯有接受的和给予的两种温情平等存在时，温情才能完成最大的功能。

妨碍相互情爱的生长的，不问是心理的或社会的阻碍，都是严重的祸害，人类一向为之而受苦，直到现在。人们表示钦佩是很慢的，因为恐怕不得其当；他们表示情爱也是很慢的，因为恐怕或者他们向之表示情爱的人，或者取着监视态度的社会，可能使他们难堪。道德教人提防，世故也教人提防，结果是在涉及情爱的场合，慷慨与冒险性都气馁了。这一切都能产生对人类的畏怯和愤懑，因为许多人终身错失了真正基本的需要，而且十分之九丧失了幸福的必要条件，丧失了对世界的胸襟开旷的态度。这并非说，所谓不道德的人在这一点上优于有道德的人。在性关系上，几乎全没可称为真正情爱的东西，甚至怀着根本敌意的也有。各人设法不使自己倾心相与，各人保留着基本的孤独，各人保持着完整，所以毫无果实。在这种经验内，全无重大的价值存在。我不说应该小心避免这等经历，因为在完成它们的过程中，可有机会产生一种更可贵而深刻的情爱。但我的确主张，凡有真价值的性关系必是毫无保留的，必是双方整个的人格混合在一个新的集体人格之内的。在一切的提防之中，爱情方面的提防，对于真正的幸福或许是最大的致命伤。

13

家　庭

从过去传到我们手里的一切制度里面，在今日再没像家庭那样的紊乱与出轨的了。父母对子女和子女对父母的情爱，原可成为最大的幸福之源之一，但事实上，如今父母与子女的关系十分之九是双方都感到苦恼的来源，百分之九十九是至少双方之中的一方感到苦恼的原因。造成我们这时代的不快乐的原因当然不一，但最深刻的一种是家庭未能予人以基本的快慰。成人若要和自己的儿女维持一种快乐的关系，或给予他们一种快乐的生活，必得对为人父母的问题深思熟虑一番，然后贤明地开始行动。家庭的问题太广大了，本书只能把它涉及幸福的部分加以讨论。而且即在这个部分内，我们也得固定讨论的范围，就是我们所说的改善，必须在个人的权力以内而无须改变社会组织。

当然，这是把题目限制得非常狭小了，因为今日的家庭苦恼，原因是极繁复的，有心理的，有经济的，有社会的，有教育的，有政治的。以社会上的优裕阶级来说，有两个原因使女人觉得为人父母是一件比从前沉重得多的担负。这两个原因是：一方面是单身女子的能够自力谋生，一方面是仆役的服务远不如前。

在古老的日子，女人的结婚是处女生活难以挨受所促成的。那时一个少女不得不在经济上仰给于父母，随后再仰给于心中不甚乐意的兄弟。她没有事情可以消磨日子，在家宅以外毫无自由可以享受。她既没机会也没倾向做性的探险，她深信婚姻以外的性行为都是罪孽。要是她不顾一切地防御，受着什么狡狯的男子诱惑而丧失了贞操，那么她的境况就可怜到极点。哥尔德斯密斯在题作《威克斐尔德牧师》的小说中把这种情景描写得非常真切：

> 能遮饰她罪孽的方法，
> 能到处替她遮羞的，
> 能使她的情夫忏悔，而
> 使他心中哀痛的——唯有一死。

在此情形中，现代的少女却并不认为死是唯一的出路了。假如受过教育，她不难谋得优裕的生计，因此无须顾虑父母的意见。自从父母对女儿丧失了经济权威以后，就不大敢表示他们道德上的反对，去埋怨一个不愿听受埋怨的人是没有多大用处的。所以目前职业界中的未婚女子，只消有着中人的姿色和中人的聪明，在她没有生儿育女的欲望的期间，尽可享受一种完全愉快的生活。但若儿女的欲望战胜了她时，她就不得不去结婚，同时丧失她的职业。她的生活水准也要比她一向习惯的降低，因为丈夫的收入可能并不比她前此所赚的为多，而他却需要维持一个家庭，不像她从前只消维持一个单身的女子。过惯独立生活之后，再要去向别人需索必不可少的零钱，在她是非常烦恼的。为了这许多理由，这一类的女人往往迟疑着，不敢贸然尝试为父母的滋味。

倘若一个女子不顾一切而竟自下水的话，那么和前几代的女人比较之下，她将遇到一个新的恼人的问题，即是难以找到适当的仆役。于是她不得不关在家里，亲自去做无数乏味的工作，和她的能力与接受的训练完全不相称的琐事，或若她不亲自动手的话，又为了呵责不称职的仆役而弄坏心情。至于对儿童的物质上的照顾，她若肯费心了解这方面的事情，又必觉得这孩子交给仆人或保姆是件危险的事，甚至最简单的清洁与卫生的照料也不能交给旁人，除非有力量雇一个受过学校训练的保姆。肩荷着一大堆琐事而不致很快地丧失她所有的爱娇和四分之三的聪明，那她真是大幸了。这样的女子往往单为亲操家政之故，在丈夫眼中变得可厌，在孩子眼中显得可憎。黄昏时，丈夫从公事房回来，唠叨着一天的烦恼的女人是一个厌物，不这样唠叨的女人是一个糊涂虫。至于对儿女的关系，她为了要有儿女而做的牺牲永远印在头脑里，以致她几乎一定会向孩子要求过分的酬报，同时关心琐事的习惯使她过事张皇，心地狭小。这是她不得不受的损害之中的最严重的：就是因为尽了家庭责任而丧失了一家之爱；要是她不管家事而保持着快乐与爱娇，家人们也许倒会爱她。[1]

这些纠纷主要是属于经济的，另一桩几乎同样严重的纠纷也是属于这个性质。我是指因大都市的人口密集而引起的居住困难。在中世纪，城市和今日的乡村同样的空旷。现在儿童还唱着那支老歌：

1　这个问题在特别关涉职业界的方面，约翰·爱林氏在《避免做父母》一书中讨论得非常精警恰当。——原注

保禄尖塔上立着一株树，
无数的苹果摇呀摇，
伦敦城里小娃娃，
拿着拐杖跑来就把苹果敲，
敲下苹果翻篱笆，
一跑直跑到伦敦桥。

圣保罗的尖塔是没有了，圣保禄的伦敦桥中间的篱垣也不知何时拆掉了。像儿歌里所说的伦敦小娃娃的乐趣，已经是几百年前的事情，但并不很久以前，大群的人口还住在乡下。那时城市并不十分大，出城容易，就在城内找些附有园子的住屋也很平常。目前，英国的城市居民和乡居的比较之下占着压倒性的多数。在美国，畸形状态还没如此厉害，但在日趋严重。如伦敦、纽约一流的都市，幅员辽阔，需要很多时间才能出城。住在城里的人通常只能以一个楼而为满足，当然那是连一寸的土地都接触不到的，一般绌于财力的人只能局促于极小的空间。倘有年幼的儿童，在一层楼上过活是很不舒服的。没有房间给他们玩，也没有房间好让父母远离他们的喧扰。因此职业界的人一天天地住到近郊去。替儿童着想，这无疑是很好的，但大人的生活更加辛苦了，他在家里的作用也因奔波之故而大为减少。

然而这种范围广大的经济问题不是我所欲讨论的对象，我们的题目只是：此时此地个人能有什么作为去觅取幸福。当我们涉及今日父母与子女的关系中的心理纠葛时，难题就近了。而这类心理纠葛实是民主主义所引起的难题的一部分。从前有主人和奴隶之分：主人决定应做之事，在大体上是喜欢他们的奴隶的，既然奴隶能够供给他们幸福。奴隶可能憎恨他们的主人，不过这种例子并不像民主理论所臆想的那么普遍。但即使他们恨主人，主人可并不觉察，无论如何主人是快乐的。民主理论获得大众拥护的时候，所有这些情形就不同了：一向服从的奴隶不再服从了；一向对自己的权利深信不疑的主人，变得迟疑不决了。摩擦于以发生，双方都失去了幸福。我并不把这些说话来攻击民主主义，因为上述的纠纷在任何重要的过渡时代都免不了。但在过渡尚在进行的期间，对妨害社会幸福的事实掉首不顾，确是毫无用处的。

父母与子女的关系变更，是民主思想普遍蔓延的一个特殊例子。父母不敢再相信自己真有权利反对儿女，儿女不再觉得应当尊敬父母。服从的德性从前是天经地义，现在变得陈腐了，而这是应当的。精神分析使有教育的父母惴惴不安，唯恐不由自主地伤害孩子。假如他们亲吻孩子，可能种下俄狄浦斯情结；假如不亲吻，可能引起孩子的妒火。假如他们命令孩子做什么事情，可能种下犯罪意识；不命令吧，孩子又要习染父母认为不良的习惯。当他们看见幼儿吮吸大拇指时，他们引申出无数可怕的解释，但他们彷徨失措，不知怎样去阻止他。素来威势十足的父母身份，变得畏怯、不安，充满着良心上的疑惑。古老的、单纯的快乐丧失了，同时，由于单身女子的获得自由，女子在决意做母亲的时光，得准备比以前做更多的牺牲。在这等情形之下，审慎周详的母亲对子女要求太少，任意使性的母亲对子女要求太多。前者抑压着情爱而变得羞怯，后者想为那不得不割弃的欢乐在儿女身上找补偿。在前一种情形内，儿女闹着情爱的饥荒；在后一种情形内，儿女的情爱受着过度的刺激。总而言之，在无论何种情势之下，总没有家庭在最完满的情状中所能提供的，单纯而自然的幸福。

看到了这些烦恼以后，还能对生产率的低落感到惊异么？在全部人口上生产率降低的程度，已显示不久人口将要趋于减缩，但富裕阶级早已超过这个程度，不独一个国家如此，并且实际上所有最文明的国家都是如此。关于富裕阶级的生产率，没有多少统计可以应用，但从我们上面提及的约翰·爱林的著作内，可以征引两件事实。一九一九年至一九二二年，斯托克霍姆的职业妇女的生产量，只及全部人口生产量的三分之一；而美国韦尔斯利大学的四千毕业生中，在一八九六年至一九一三年生产的儿童总数不过三千，但为阻止现在的人口减缩，应当有毫无夭殇的八千儿童。毫无疑问，白人的文明有一个奇怪的特征，就是越是吸收这种文明的男女，越是不生育。最文明的人最不生育，最不文明的人最多生育，两者之间还有许多等级。现在西方各国最聪明的一部分人正在死亡的路上。不到多少年以后，全部的西方民族要大为减少，除非从文明较逊的地域内移民去补充。而一当移民获得了所在国的文明时，也要比较减少生育。具有这种特征的文明显然是不稳固的，除非这文明能在数量上繁殖，它迟早要被另一种文明所替代，而在此替代的里面，做父母的冲动一定保存着相当强烈，足以阻止人口减退。

在西方每个国家内，世俗的道学家们竭力用着激励和感伤性来对付这个问题。一方面，他们说儿女的数量是上帝的意志，所以每对夫妇的责任是尽量生育，不问生下来的子女将来能否享有健康与幸福。另一方面，教士们唱着高调，颂扬母性的圣洁的欢乐，以为一个患病与贫苦的大家庭是幸福之源。政府再来谆谆劝告，说相当数量的炮灰是必要的，因为倘没有充分的人口留下来给毁灭，所有这些精巧奇妙的毁灭械器又如何能有适当地运用？奇怪的是，当父母的即使承认这些论据可应用于旁人，但一朝应用到自己身上时就装聋了。教士和爱国主义者的心理学完全走错了路。教士只有能用地狱之火来威吓人的时候才会成功，但现在只剩少数人把这威吓当真了。一切不到这个程度的威吓，决计不能在一件如是属于私人性质的事情上控制人的行为。至于政府，它的论据实在太残酷了。人们曾同意由别人去供给炮灰，但决不高兴想到自己的儿子将来派此用场。因此，政府所能采取的唯一的办法，是保留穷人的愚昧，但这种努力，据统计所示，除了西方各国最落后的地方以外，遭受完全的失败。很少男人或女人会抱着公共责任的念头而生育子女，即使真有什么公共责任存在。当男女生育时，或是因为相信子女能增加他们的幸福，或是因为不知道怎样避免生育。这后面的理由至今还有很大的作用，但它的力量已经在很快地减退下去。[1]教会也好，政府也好，不论它们如何措置，总不能阻止这减退的继续。所以倘白种人要存活下去，就得使做父母这件事重新能予父母以幸福。

当一个人丢开现下的环境，来单独观察人类天性时，我想一定能发现做父母这件事，在心理上是能够使人获得最大而最持久的幸福的。当然，这在女人方面比在男人方面更其真切，但对男人的真切，也远过于现代多数人士所想象的程度。天伦之乐是现代以前的全部文学所公认的。赫卡柏[2]对于儿女要比对丈夫关切得多，玛克特夫[3]对儿女也比对妻子更重视。在《旧约》里，男女

1　按此疑隐指现代人渐知节育避孕而言。

2　按系神话中赫拉克勒斯之母。

3　苏格兰传说中的人物。

双方都极热心地要传留后裔，在中国和日本，这种精神一直保持到今日。大家说这种欲望是由祖先崇拜来的，但我认为事实正相反，就是祖先崇拜是人类重视血统延续的反映。和我们前此所述的职业妇女相反，生男育女的冲动一定非常强烈，否则决没有人肯做必要的牺牲去满足生育冲动。以我个人来说，我觉得做父母的快乐大于我所曾经历的任何快乐。我相信，当环境诱使男人或女人割弃这种快乐时，必然留下一种非常深刻的需要不曾满足，而这又产生一种愤懑与骚乱，其原因往往无法知道。要在此世幸福，尤其在青春消逝之后，一个人必须觉得自己不单单是一个岁月无多的孤立的人，而是生命之流的一部分——它是从最初的细胞出发，一直奔向不可知的窈远的前程的。这若当作一种用固定的字句来申说的有意识的情操，那么它当然是极端文明而智慧的世界观，但若当作一种渺茫的本能的情绪，那么它是原始的、自然的，正和极端文明相反。一个人能有什么伟大卓越的成就，使他留名于千秋万世之后，自然能靠着他的工作来满足生命持续的感觉。但那般并无奇才异能的男女，唯一的安慰就只有凭借儿女一法。凡是让生育冲动萎缩的人，已把自己和生命的长流分离，而且冒着生命枯涸之险。对他们，除非特别超脱之辈，死亡就是结束一切。在他们以后的世界与他们不复关涉，因此他们觉得所作所为都是一片空虚而无足重轻。对于有着儿孙，并且用自然的情爱爱着他们的男女，将来是重要的，不但在伦理上或幻想上觉得重要，抑且自然地本能地觉得重要。且若一个人能把兴趣扩张到自身之外，定还能把他的兴致扩张到更远。如亚伯拉罕那样，他将快慰地想到他的种子将来是去承受福地的，即使要等多少代以后才能实现，他将因这种念头而感到满足。而且由于这等感觉，这才不致再有空虚之感把他所有的情绪变得迟钝。

家庭的基础当然是靠父母对亲生子女的特殊感觉，异于父母之间相互的感觉，也异于对别的儿童的感觉。固然有些父母很少或竟毫无慈爱之情，也有些女子能对旁人的儿女感到如对自己的一般强烈的情爱。虽然如此，大部分总是父母的情爱是一种特别的感觉，为一个正常的人对自己的孩子感有的，而对一切旁人都没有的。这宗情绪是我们从动物的祖先那里承袭下来的。在这一点上，弗洛伊德的观点似乎不曾充分顾到生物学上的现象，因为你只要观察一头为母的动物怎样对待它的幼儿，就可发现它对它们的态度，和它对着有性关系的雄性动物，是完全属于两种的。而这种差别，一样见于人类，虽形式上略有变更，程度也不像动物那么显著。假如不是为了这特种的情绪，那么把家庭当作制度看时，几乎没有什么话好说了，因为孩子大可以托付给专家照顾。然而以事实论，父母对子女的特殊情爱（只要父母的本能发展健全），确于父母与子女双方都有重要的价值。在子女方面说，父母的情爱比任何旁的情爱都更可恃。你的朋友为了你的优点而爱你，你的爱人为了你的魅力而爱你。假如优点或魅力消失了，朋友和爱人便可跟着不见。但在患难的时候，父母却是最可信赖的人，在病中，甚至在遭受社会唾弃的时光，假如父母真有至性的话。当我们为了自己的长处而受人钦佩时，我们都是觉得快乐的，但我们之中多数心里很谦虚，[1]会觉得这样的钦佩是不可靠的。父母的爱我们，是为了我们是他们的子女，而这是一个无可变更的事实，所以我们觉得他们比谁都可靠。在万事顺利时，

1 按意为我们觉得自己的长处不可靠。

这可能显得无足重轻，但在潦倒失意时，那就给你任何地方都找不到的一种安慰和庇护。

在一切人与人的关系上，要单方面快乐是容易的，要双方都幸福就难了。狱卒可能以监守囚犯为乐；雇主可能以殴击雇员为乐；统治者可能以铁腕统治臣民为乐；老式的父亲一定以夏楚[1]交加地灌输儿子道德为乐。然而这些都是单方面的乐趣，在另一方面看，情形就不愉快了。我们已感到这些片面的乐趣不能令人满足，我们相信人与人间良好的关系应当使双方满足。这特别适用于父母与子女的关系，结果是，父母从子女身上得到的乐趣远比从前为少，子女从父母身上感到的苦恼也远比从前为少。我不以为父母在子女身上得到的乐趣比从前少真是有何理由，虽然目前事实如此。我也不以为有何理由使父母不能加增子女的幸福。但像现代社会所追求的一切均等关系一般，这需要一种相当的敏感与温柔，相当的尊敬别人的个性，那是普通生活中的好斗性所绝不鼓励的。我们可用两个观点来考虑这父母之乐，第一从它生物的要素上讲，第二从父母以平等态度对付儿女以后所能产生的快乐来讲。

父母之乐的最初的根源是双重的。一方面是觉得自己肉体的一部分能够永久，使它的生命在肉体的其余部分死灭之后延长下去，而这一部分将来可能以同样方式再延长一部分的生命，由是使细胞永生。另一方面有一种权力与温情的混合感。新的生物是无助的，做父母的自有一种冲动要去帮助他，这冲动不但满足了父母对儿童之爱，抑且满足了父母对权力之爱。只要婴儿尚在无

1 指体罚。夏楚为古代学校体罚学生的两种用具。——编者注

助的状态，你对他表示的情爱就不能免除自私的成分，因为你的天性是要保护你自己的容易受伤的部分的。但在儿童年纪很小时代，父母的权力之爱，和希望儿女得益的欲念就发生了冲突，因为控制儿童的权力，在某限度内是自然之理，而儿童在各方面学会独立也是愈早愈妙的事，可是这对于父母爱权力的冲动就不愉快了。有些父母从来不觉察这种冲突，永远专制下去，直到儿童反叛为止。然而有些父母明明觉察，以致永远受着冲突的情绪磨折。他们做父母的快乐就在这冲突里断送了。当你对儿童百般爱护以后，竟发觉他们长大起来完全不是父母所希望的样子，那时你势必有屈辱之感。你要他成为军人，他偏成为一个和平主义者，或像托尔斯泰一般，人家要他成为和平主义者，他偏投入了百人团[1]。但难题并不限于这些较晚的发展。你去喂一个已能自己饮食的孩子，那么你是把权力之爱放在孩子的幸福之上了，虽你本意不过想减少他的麻烦。假如你使他太警觉地注意危险，那你可能暗中希望他依赖你。假如你给予他露骨的情爱而期待着回报，那你大概想用感情来抓住他。在大大小小无数的方式之下，父母的占有冲动常使他们入于歧途，除非他们非常谨慎或心地非常纯洁。现代的父母，知道了这些危险，有时在管理儿童上失去了自信，以致对儿童的效果反不如他们犯着自然的错误时来得好。因为最能引起儿童心理烦虑的，莫如大人的缺乏把握和自信。所以与其小心谨慎，毋宁心地纯洁。父母若是真正顾到儿女的幸福甚于自己对儿女的威权的话，就用不到任何精神分析的教科书才能知道何者当做，何者不当做，单是冲动便能把他们导入

1 按此系指托氏早年从军事。

正路。而在这个情形中，父母与子女的关系是从头至尾都和谐的，既不会使孩子反抗，也不致使父母失望。但要达到这一步，父母方面必须一开始便尊重儿女的个性——且这尊重不当单单是一种伦理的或智识的原则，并当加以深刻的体验，使它几乎成为一种神秘的信念，方能完全排除占有和压迫的欲望。当然这样的一种态度不独宜于对待子女，即在婚姻中、友谊中，也一样的重要，虽然在友谊中比较容易办到。在一个良好的社会里，人群之间应当普遍地建立一种政治关系，不过这是一种极其遥远的希望，绝不能引颈以待。但这一类的慈爱，需要既如是其普遍，至少在涉及儿童的场合应该促其实现，因为儿童是无助的，因为他们以幼小和娇弱之故受到俗人轻视。

回到本书的主题上来，在现代社会里要获得做父母的完满的乐趣，必须深切地感到此前所讲的对儿童的敬意。这样的人才无须把权力之爱苦恼地抑压下去，也无须害怕像专制的父母一般，当儿女自由独立之日感到悲苦的失望。他所能感到的欢乐，必远过于专制的父母在对儿女的威权上所能感到的。因为情爱经温柔把一切趋于专制的倾向洗刷干净之后，能给人一种更美妙、更甜蜜的欢悦，更能把粗糙的日常生活点铁成金般炼作神秘的欢乐，那种情绪，在一个奋斗着、挣扎着、想在此动荡不定的世界上维持他的优势的人，是万万梦想不到的。

我对于做父母的情绪虽如此重视，但我决不像普通人一样，从而主张为母的应当尽可能亲自照顾子女的一切。这一类的习俗之见，在当年关于抚育儿女之事茫无所知，而只靠年老的把不科学的陈法传给青年人的时代，是适用的。抚育儿童之事，现在有一大部分唯有在专门学院做过专门研究的人才做得好。但这个道理，仅在儿童教育内相当于时下所谓的“教育”的那一部分，才得到大众承认。人家决不期望一个母亲去教她的儿子微积分，不问她怎样的爱他。在书本教授的范围内，大家公认儿童从一个专家去学比从一个外行的母亲学来得好。但在照顾儿童的许多别的部分内，这一点尚未获得公认，因为那些部门所需要的经验尚未被人公认。无疑地，某些事物是由母亲做更好，但孩子越长大，由别人做来更好的事情就越加多。假如这个原则被人接受的话，做母亲的便可省却许多恼人的工作，因为她们在这方面全然外行。一个有专门技能的女子，最好即在做了母亲以后仍能自由运用她的专门技能，这样她和社会才两受其益。在怀孕的最后几月和哺乳期间，她或者不能如此做，但一个九个月以上的婴儿，不当再成为他母亲职业活动的障碍。但逢社会要求一个母亲为儿子做无理的牺牲时，这为母的倘不是一个非常的人，就将希望从孩子身上获得分外的补偿。凡习俗称为自我牺牲的母亲，在大多数的情形中，对她的孩子总是异乎寻常的自私；因为做父母这件事的所以重要，是由于它是人生的一个要素，若把它当作整个人生看时，就不能令人满足了，而不满足的父母很可能是感情上贪得无厌的父母。所以为子女和母亲双方的利益计，母性不当使她和一切旁的兴趣与事业绝缘。如果她对于抚育儿童真有什么宏愿，并具有充分的智识能把自己的孩子管理很适当，那么，她的技能应该有更广大的运用，她应该专门去抚育有一组可包括自己的孩子在内的儿童。当然，一般的父母，只要履行了国家最低的要求，都可自由发表他们的意见，说他们的儿童应如何教养，由何人教养，只消指定的人有资格负此责任。但绝不可有一种成见，要求每个母亲都得亲自去做别个女子能做得更好的事情。对着孩子手足无措的母亲（而这是很多的），当毫不迟疑地把孩子交给一般宜于做这种事情而受过必要训练的女子。没有一种天赐的本能把如何抚养儿童的事情教给女人，而超过了某种限度的殷勤又是占有欲的烟幕，许多儿童，在心理上都是被为母的无知与感伤的管教弄坏的。父母素来被认为不必对子女多操心的，可是子女之乐于爱父亲正如乐于爱母亲一样。将来，母亲与子女的关系当一步一步地类似今日的父亲，必如是，女人的生活才能从不必要的奴役中解放出来；必如是，儿童才能在精神和肉体的看护方面，受到日有增进的科学知识之惠。

14

工　作

工作应该列在快乐的原因内还是列在不快乐的原因内，或者是一个疑问。的确有许多工作是极端累人的，过度的工作又永远是很痛苦的。可是我认为，只要不过分，即是最纳闷儿的工作，对于大多数人也比闲荡容易消受。工作有各种等级，从单单解闷起一直到最深邃的快慰，看工作的性质和工作者的能力而定。多数人所得做的多数工作，本身是无味的，但既是这等工作也有相当的益处。第一，它可以消磨一天中许多钟点，不必你决定做些什么。大多数人一到能依着自己的选择去消磨他们的闲暇时，总是惶惶然想不出什么够愉快的事情值得一做。不管他们决定做的是什么，他们总觉得还有一些更愉快的事情不曾做，这个念头使他们非常懊恼。能够聪明地填补一个人的闲暇是文明的最后产物，现在还很少人到此程度。并且“选择”这个手续，本身便是令人纳闷儿的，除了一般主意特别多的人以外。通常的人总欢喜由人家告诉他每小时应做之事，但求这命令之事不要太不愉快。多数有闲的富人感受着无可言喻的烦闷，仿佛为他们的免于苦役偿付代价一般。有时他们可在非洲猎取巨兽，或环游世界一周，聊以排遣，但这一类惊心动魄之事是有限的，尤其在青春过去以后。因为比较聪明的富翁尽量工作，好似他们是穷人一般，至于有钱的女人，大多忙着无数琐屑之事，自以为那些事情有着震撼世界的重要性。

所以工作是人所愿望的，第一为了它可免除烦闷，一个人做着虽然乏味但是必要的工作时，固然也感到烦闷，但绝不能和百无聊赖、不知怎样度日的烦闷相比。在这一种的工作利益之上，还有另一种利益，就是使得假日格外甘美。一个人只消没有过分辛苦的工作来摧残他的精力，定会对于自由的时间，比一个成日闲荡的人有更浓厚的兴致。

在大半有酬报的工作和一部分无酬报的工作内，第二桩利益是它给人以成功的机会和发展野心的利便。多数工作的成功是以收入来衡量的，在我们这资本主义社会继续存在时，这是无法避免的事。唯有遇到最卓异的工作，这个尺度才失去效用。人们的愿望增加收入，包含着两层意义，一是愿望成功，二是愿望以较多的收入来获到额外的安适。不管怎样无聊的工作，只消能赖以建立声名，不问在广大社会里的或自己的小范围里的声名，这件工作就挨受得了。目的之持续，终究是幸福的最重要元素之一，而这在大多数人是主要靠了工作而实现的。在这方面说：凡以家政消磨生活的妇女，比起男人或户外工作的女人来，要不幸得多了。管家的女子没有工资，无法改善她的现状；丈夫认为她的操劳是分内之事，实际上也看不见她的成绩，他的重视她并非由于她的家庭工作而是由于她的别的优点。当然，凡是相当优裕能把屋舍庭园布置得美丽动人，使邻居嫉羡的女子，上述的情形是不曾有的；但这类女子比较少见，而且大多数的家事，总不能像别种工作之于男人或职业妇女那样的令人满足。

多数工作令人感到消磨时间的快慰，使野心得有纵使局促也仍相当的出路，且这两点足以使一个即使工作极无味的人，也比一个毫无工作的人在大体上快乐得多。但若工作是有趣的话，它给人的满足将远比单纯地消遣为高级。凡多少有些趣味的各种工作，可依次列成一个系统。我将从趣味比较平淡的工作开始，一直讲到值得吸收一个伟人全部精力的工作。

使工作有趣的两个元素：第一是技巧的运用，第二是建设性。

每个练有什么特殊本领的人，总乐于施展出来，直到不足为奇或不能再进步的时候为止。这种行为的动机，在幼年时就开始：一个能头朝地把身子倒竖的男孩子，在头向天正式立着的辰光，心里是不甘愿的。有许多工作予人的乐趣，和以妙技为戏得来的乐趣相同。一个律师或政治家的工作，其包含的乐趣一定还要美妙得多，正如玩造桥戏[1]时的趣味一样。虽然，这里不但有妙技的运用，抑且有和高明的敌手钩心斗角之乐。即在没有这种竞争元素的场合，单是应付一桩艰难的工作也是快意之事。一个能在飞机上献本领的人感到其乐无穷，以致甘愿为之而冒生命之险。我猜想一个能干的外科医生，虽然他的工作需要在痛苦的情势之下执行，照样能以手术准确为乐。同样的乐趣可在一大批比较微末的工作上获得，不过强烈性较差而已。我甚至听到铅管工匠也以工作为乐，虽然我不曾亲身遇见一个这样的人。一切需要巧技的工作可能是愉快的，只消它有变化，或能精益求精。假如没有这些条件，那么一个人的本领学到了最高点时就不再感到

1 按系现代欧美最流行的纸牌戏。

兴趣。一个三英里的长跑家，一过了能打破自己纪录的年龄，就不复感到长跑之乐。幸而在无数的工作内，新的情势需要新的技巧，使一个人能一天天地进步，至少直到中年为止。有些巧妙的工作，例如政治，要在六十岁至七十岁方能施展长才，因为在这一类的事业中，丰富广博的人情世故是主要的关键。因为成功的政治家在七十岁时要比旁人在同年龄时更幸福。在这方面，只有大企业的领袖堪和他们相比。

然而最卓越的工作还有另一元素，在幸福之源上讲，也许比妙技的运用更加重要，就是建设性。有些工作（虽然绝非大多数的工作）完成时，有些像纪念碑似的东西造起。建设与破坏之别，我们可用下列的标准去判辨。在建设里面，事情的原始状态是紊乱的，到结局时却形成一个计划；破坏正是相反，事情的原始状态是含有计划的，结局倒是紊乱的，换言之，破坏者的用意是产生一种毫无计划的事态。这个标准可应用于最呆板、最明显的例子，即房屋的建造与拆毁。建造一所屋子是依照一预定的计划执行的，至于拆毁时谁也不曾决定等屋子完全拆除后怎样安放材料。固然破坏常常是建设的准备，在此情形中，它不过是一个含有建设性的整体中的一部分。但往往一个人所从事的活动，以破坏为目标而毫未想到以后的建设。他大抵把这点真相瞒着自己，自信只做着扫除工作以便重新建造，但若这真是一句托词的话，我们不难把它揭穿，只要问问他以后如何建造就行。对这个问题，他的回答必是模糊的、无精打采的，不比他提及此前的破坏工作时说话又确切又有劲。不少的革命党徒，黩武主义者，以及别的暴力宣传家，都是如此。他们往往不知不觉受着仇恨的鼓动。破坏他们所恨的东西是他们真正的目的，至于以后如何，他们是漠不关心的。可是我不能否认在破坏工作内和建设工作内一样可有乐趣。那是一种更狂野的，在当时也许是更强烈的欢乐，但不能给人深刻的快慰，因为破坏的结果很少有令人快慰的成分。你杀死你的敌人，他一咽气，你的事情便完了，因胜利而感到的快意也不会久存。反之，建设的工作完成时，看了令人高兴，并且这工作的完满也不会到达无以复加的田地。最令人快慰的计划，能使人无限制地从一桩成功转入另一桩成功，永不会遇到此路不通的结局。由此我们可发现，以幸福之源而论，建设比破坏重要得多。更准确地说，凡在建设中感到快慰的人的快慰，要大于在破坏中感到快慰的人的快慰，因为你一朝充满了仇恨之后，不能再像旁人一般在建设中毫不费力地获得乐趣。

同时，要治疗憎恨的习惯，也莫如做一桩性质重要的建设工作。

因完成一件巨大的建设事业而感到快慰，是人生所能给予的最大快慰之一，虽然很不幸地这种登峰造极的滋味只有奇才异能之士方能尝到。因完满成就一件重要作业而获得的快乐，绝对没有丧失的危险，除非被人证明他的工作终究是恶劣的。这类的快慰，形式很多。一个人用灌溉的计划使一片荒田居然百花盛开，他的乐趣是最实在的。创造一个机构可能是一件重要无比的工作。少数的政治家鞠躬尽瘁地在混乱中建设秩序的工作便是这样的，在近代，列宁是一个最高的代表。最显著的例子还有艺术家和科学家。莎士比亚在提起他的诗作时说："人类能呼吸多久或眼睛能观看多久，这些东西就存在多久。"毫无疑问，这个念头使他在患难中感到安慰。在他的十四行诗里面，他极力声言思念朋友使他和人生重新握手，但我不由得不疑心，在这一点上他写给朋友的十四行诗比朋友本身更有效力。大艺术家和大科学家做着本身就可喜的工作，他们一边做着，一边获得有价值的人的尊敬，这就给予他们最基本的一种权力，即是控制人们思想与感觉的权力。他们也有最可靠的理由来珍视自己。这许多幸福的情况混合起来，一定足以使任何人都快乐的了。可是并不。譬如米开朗琪罗是一个绝对忧郁的人，而且坚持（我不信这是真的）说假如没有穷困的家族向他逼钱，他决不愿费心去制作艺术品。产生大艺术品的力量，往往，虽不是常常，和气质上的忧郁连在一块儿，那忧郁之深而且大，使一个艺术家倘非为了工作之乐便会趋于自杀之途。因此我们不能断言最伟大的工作即能使一个人快乐，我们只能说它可以减少一个人的不快乐。然而科学家在气质上的忧郁远不及艺术家那样的常见，而一般致力于伟大科学工作的人总是快乐的，不用说，那主要是由工作来的。

现下智识分子的不快乐的原因，特别是有文学才具的一辈，是由于没有机会独立运用他们的技能，受雇于法利赛人主持的富有的团体，迫令他们制作着荒谬的毒物。假若你去问英国和美国的记者，对他们所隶属的报纸的政策是否信仰，你将发现只有少数人做肯定的回答，其余的都是为了生计所迫，出卖他们的技能去促成他们认为有害的计划。这等工作绝无快慰可言，一个人勉强做着的时候，会变成玩世不恭，以致在任何事业上都不能获得心满意足的快感。我不能责备一个从事于这等工作的人，因为饥饿的威胁太严重了，但我想只要可能做满足建设冲动的工作而不致挨饿，那么为他自己的幸福着想，明哲之道还是采取这一种工作而舍弃酬报优越，但他认为不值得做的事情。没有了自尊心就难有真正的幸福。而凡以自己的工作为羞的人就难有自尊心。

建设工作的快慰，虽如事实所示，或许是少数人的特权，但此少数人可能非常广大。在自己的工作上不受他人支配的人，能够感到这一点，凡是一切认为自己的工作有益而需要很多技巧的人都能感到。产生满意的儿童是一件艰难的建设工作，能予人深切的快慰。能有这等成就的女人定能感到，以自己劳作的结果而论，世界包含着些有价值的东西，那是没有这等成就决计不会有的。

人类在把生活视为一个整体的倾向上面大有差别。在有些人心目中，这种看法是很自然的，而且认为能以相当快慰的心情来做到这一步是幸福的关键。在另一些人，人生是一串不相连续的事故，既谈不到有趣的动作，也谈不到统一性。我认为前一种人生观比后一种更可能获得幸福，因为那种人会慢慢地造成他们能够快慰和自尊的环境，不像后一种人随着情势的推移，东一下西一下地乱撞，永远找不到什么出路。视人生为一整体的习惯，无论在智慧方面，在道德方面，都是主要的一部分，应该在教育上加以鼓励。始终一致的目标不足以使生活幸福，但几乎是幸福生活的必要条件。而始终一致的目标，主要就包括在工作之内。

15

闲 情

我在本章内所欲探讨的，不是生活赖以建立的重要兴趣，而是那些消磨闲暇的次要兴趣，使人在从事严肃的事务之余能够宽弛一下。普通人的生活里面，妻子儿女、工作与经济状况，占据了他关切惶虑的思想的主要部分。即使他在婚姻以外还有爱情，他对此爱情的关注，也远不如对此爱情可能对他家庭生活发生的影响来得深切。与工作密切有关的兴趣，我在此不认为是闲情逸兴。例如一个科学家，必须毫不放松地追随着他的研究。他对这等研究的感觉，其热烈与活泼表示那是和他的事业密切的，但若他披览本行以外的另一门科学研究时，他的心情便完全两样了，既不用专家的目光，也不那么用批评的目光，而采取比较无关心的态度。即使他得运用脑力以便追随作者的思想，他的这种阅读依旧是有宽弛的作用，因为它和他的责任渺不相关。倘若这本书使他感到兴趣，他的兴趣也是闲逸的，换言之，这种兴趣是不能用在与他自己的题目有关的书本上的。在本章内所欲讨论的，便是这类在一个人主要活动以外的兴趣。

忧郁、疲劳、神经紧张的原因之一，便是对于没有切身利害的东西不能感到兴趣。结果是有意识的思想老是贯注在少数问题上面，其中每一问题也许都含有一些焦心和困恼的成分。除了睡眠之外，意识界的思想永远不能休息下来听任下意识界的思想去慢慢地酝酿智慧。结果弄得非常兴奋，缺少敏感，烦躁易怒，失去了平衡的意识。这一切是疲劳之因，也是疲劳之果。一个人疲乏之余，对外界就兴趣索然。因为兴趣索然就不能从这种兴趣上面得到宽弛，于是他更加疲乏。这种恶性的循环使人精神崩溃真是太容易了。对外的兴趣所以有休息的功能，是它的不需要任何动作。决断事情、打主意，都是很累人的，尤其是在匆促之间就要办了而得不到下意识界帮助的时候。有些人在做一件重大的决断之前，觉得必须“睡一觉再说”，真是再对也没有。但下意识思想的进展，并不限于睡眠时间。当一个人有意识的思念转在别方面时，照样可完成这个步骤。一个人工作完了能把它遗忘，直到下一天重新开始时再想起，那么他的工作，一定远胜于在休息时间念念不忘地操心着的人的工作。而要把工作在应当忘记时忘记，在一个在工作以外有许多其他的兴趣的人要比一个无此兴趣的人容易办到。可是主要的是，这些闲情逸兴不可以运用已被日常工作弄乏了的官能。它们当无须意志，无须当机立断，也不当如赌博一般含有经济意味，且也不可过于刺激，使感情疲倦，使下意识和上意识同样地不得空闲。

有许多娱乐都能符合上述的条件。看游戏，进剧场，玩高尔夫球，都是无可訾议的。对于一个有书本嗜好的人，那么披览一些和他本身的活动无关的书籍也是很好。不问你所烦恼的是一件如何重大的事情，总不该把全部清醒着的时间花在上面。

在这一方面，男人和女人有很大的差别。大概男子比女子容易忘记他们的工作。在工作就是家政的女子，难于忘记是很自然的，既然她们不能变更场合，如男子离开公事房以后可改换一下心情那样。但若我的观察不错的话，在家庭以外工作的女子，在这方面和男子的差别，几乎也同在家庭以内工作的女子一样。她们觉得要对没有实用的事情感到兴味非常困难。她们的目的控制着她们的思想和活动，难得能沉溺在完全闲逸的兴趣里面。我当然承认例外是有的，但我只以一般情况来讲。譬如在一所女学校内，倘无男子在场，女教员们晚上的谈话总是三句不离本行，那是男学校里的男教员们所没有的情形。在女人眼中，这个特点表示女子比男子更忠于本分，但我不信这忠于本分久后能改进她们工作的品质。这倒反养成视线的狭小，慢慢趋向于偏执狂。

一切的闲情逸兴，除了在宽弛作用上重要之外，还有许多旁的裨益。第一，它们帮助人保持均称的意识。我们很易沉溺于自己的事业、自己的小集团、自己的特种工作，以致忘却在整个的人类活动里那是如何渺小，世界上有多少事情丝毫不受我们的所作所为影响。也许你要问：为何我们要记起这些？回答可有好几项。第一，对世界应有真实的认识，使它和必要的活动相称。我们之中每个人在世之日都很短促，而在此短促的期间需要对这个奇异的星球，以及这星球在宇宙中的地位，知道一切应当知道的事情。不知道求知的机会，等于进戏院而不知听戏。世界充满了可歌可泣、光怪陆离之事，凡不知留意舞台上的形形色色的人，就丧失了人生给予他的一种特权。

再则，均称的意识很有价值而且有时很能安慰人心。我们所生活的世界的一隅，我们生与死中间的一瞬，常使我们过于重视，以致变得过于兴奋，过于紧张。这种兴奋和过度地重视自己，毫无可取的地方。固然那可使我们工作更勤苦，但不能使我们工作更好。产生善果的少许工作，远胜于产生恶果的大量工作，虽然主张狂热生活的使徒抱着相反的意见。那般极端关切自己工作的人，永远有堕入偏执狂的危险。特别记得一件或两件要得的事而忘了其余的一切，以为在追求这一两件事情的时候对于旁的事情的损害是不重要的。要预防这种偏执的脾气，最好莫如对人的生活及其在宇宙中的地位抱着广大的观念。从这一点上看来，均称意识的确包括着很重大的问题，但除此特殊作用以外，它本身即有很大的价值。

近代高等教育的缺陷之一，是太偏于某些技能的训练，而忘了用大公无私的世界观去扩大人类的思想和心灵。假定你专心一志地从事于政治斗争，为了你一党的胜利而辛辛苦苦地工作。至此为止，一切都很好。但在斗争的途中可能遇到一些机会，使你觉得用了某种在世界上增加仇恨、暴力和猜疑的方法，就能达到你的胜利。譬如你发现实现胜利的捷径是去侮辱某个外国。倘使你的思想领域以现在为限，倘使你习染着效率至上的学说，你就会采取这等可疑的手段。由于这些手段，你眼前的计划是胜利了，但将来的后果可能非常悲惨。反之，假使你头脑里老摆着人类过去的历史，记得他从野蛮状态中蜕化出来时如何迟缓，以及他全部的生命和星球的年龄比较起来是如何短促等等——假使这样的念头灌注在你的感觉里，你将发现，你所从事的暂时的斗争，其重要性决不致值得把人类的命运去冒险，把他重新推到他费了多少年代才探出头来的黑暗中去。不但如此，且当你在眼前的目的上失败时，你也可获得同样的意识[1]支持而不愿采用可耻

1　即失败也是暂时的意识。

的武器。在你当前的活动之下，你将有些遥远的、发展迟缓的目标，在其中你不复是一个单独的个人，而是领导人类趋于文明生活的大队人马中的一分子。若是你到达了这个观点，就有一股深邃的欢乐永远追随着你，不管你个人的命运如何。生命将变为与各个时代的伟人的联络，而个人的死亡也变为无足重轻的细故。

倘我有权照着我的意思去制定高等教育的话，我将设法废止旧有的正统宗教——那只配少数的青年，而且往往是一般最不聪明与最仇视文明的青年——代以一种不宜称为宗教的东西，因为那不过是集中注意于一些确知的事实罢了。我将使青年清清楚楚地知道过去，清清楚楚地觉察人类的将来极可能远比他的过去为长久，深深地意识到地球的渺小和在地球上的生活只是一件暂时的细故。在提供这些事实使他们确知个人的无足重轻以外，同时我更将提出另一组事实，使青年的头脑感受一种印象，领会到个人能够达到的那种伟大。斯宾诺莎早就论列过人类的界限和自由，不过他的形式与语言使他的思想除了哲学生以外难能为大众领悟，但我要表白的要旨和他所说的微有不同。

一个人一朝窥见了造成心灵的伟大的东西之后——不问这窥见是如何短暂，如何简略——倘仍然渺小，仍然重视自己，仍为琐屑的不幸所困惑，惧怕命运对他的处置，那他绝不能快乐。凡是能达到心灵的伟大的人，会把他的头脑洞开，让世界上每一隅的风自由吹入。他看到的人生、世界和他自己，都将尽人类可能看到的那么真切。他将觉察人类生活的短促与渺小，觉察已知的宇宙中一切有价值的东西都集中在个人的心里。而他将看到，凡是心灵反映着世界的人，在某意义上就和世界一般广大。摆脱了为环境奴使的人所怀有的恐惧之后，他将体验到一种深邃的欢乐，尽管他外表的生活变化无定，他心灵深处永远不失为一个幸福的人。

丢开这些范围广大的思考，回到我们更接近的题目上来，就是闲情逸致的价值问题，那么还有别项观点使它大有助于幸福，即是最幸运的人也会遇到不如意之事。除了单身汉以外，很少人不曾和自己的妻子争吵；很少父母不曾为了儿女的疾病大大地操心；很少事业家不曾遇到经济难关；很少职业中人不曾有过一个时期给失败正眼相视。在这等时间，能在操心的对象以外对旁的事情感到兴趣，真是天赐的恩典。那时候，虽有烦恼眼前也无法可施，有的人便去下棋，有的人去读侦探小说，有的人去沉溺在通俗天文学里，还有人去披览巴比伦的发掘报告。这四种人的行动都不失为明哲，至于一个绝对不肯排遣的人，听让他的难题把他压倒，以致临到需要行动的时候反而更没应付的能力。同样的论点可应用于某些无可补救的忧伤，例如至爱的人的死亡等。在此情形之下，沉溺在悲哀里是对谁都没有好处的。悲哀是免不了的，应当在意料之内的，但我们当竭尽所能加以限制。某些人在患难之中榨取最后一滴的苦恼，实际不过是满足他们的感伤气氛。当然我不否认一个人可能被忧伤压倒，但我坚持每个人应尽最大的努力去逃避这个命运，应当寻一些消遣，不管是如何琐屑的，但求它不是有害的或可耻的就行。在我认为有害或可耻的消遣之中，包括酗酒和服用麻醉品，那是以暂时毁灭思想为目标的。适当的方法并不是毁灭思想，而是把思想引入一条新路，或至少是一条和当前的患难远离的路。但这一点决难做到，倘使一个人的生活素来集中在极少数的兴趣上，而这少数的兴趣又被忧伤挡住了路。患难来时要能担受，明哲的办法，是在平时快乐的辰光培养好相当广大的趣味，使心灵能找到一块不受骚乱的地方，替它唤起一些别的联想和情绪，而不致只抱着悲哀的联想和情绪，使“现在”难以挨受。

一个有充分的生机与兴致的人战胜患难的方法，是在每次打击以后对人生和世界重新发生兴趣，在他，人生与世界绝不限制得那么狭小，使一下的打击成为致命。被一次或几次的失败击倒，不能认为感觉锐敏而值得赞美，而应认为缺少生命力而可怜可叹。我们一切的情爱都在死神的掌握之中，它能随时打倒我们所爱的人。所以我们的生活绝不可置于狭隘的兴趣之上，使我们的人生的意义和目的完全受着意外事故的支配。

为了这些理由，一个明哲地追求幸福的人，除了他借以建立生命的主要兴趣之外，总得设法培养多少闲情逸兴。

16

努力与舍弃

中庸之道是一种乏味的学说，我还记得当我年轻时曾用轻蔑和愤慨的态度唾弃它，因为那时我所崇拜的是英雄式的极端。然而真理并非永远是有趣的，而许多事情得人信仰就为了它的有趣，虽然事实上很少有别的证据足为那些事情张目。中庸之道便是一个恰当的例子：它可能是乏味的学说，但在许多方面是真理。

必须保持中庸之道的场合之一，是在于努力与舍弃之间的维持均势。两项主张都曾有极端的拥护者。主舍弃说的是圣徒与神秘主义者，主努力说的是效率论者和强壮的基督徒。这两个对峙的学派各有一部分真理，但不是全部的。我想在本章内寻出并固定一个折中点，我的探究将先从努力这方面开始。

除了极少的情形之外，幸福这样东西不像成熟的果子一样，单靠着幸运的机会作用掉在你嘴里的。所以本书的题目叫作《幸福之征服》[1]。因为世界上充满着那么多的可免与不可免的厄运、疾病、心理纠纷、斗争、贫穷、仇恨，一个男人或女人若要幸福，

1　按译者改译为《幸福之路》以求晓畅，但在此亦可有同样含义。

必须觅得一些方法去应付在每个人头上的不快乐的许多原因。在若干稀有的场合，那可以无须多大努力。一个性情和易的男人，承袭了一笔巨大的财产，身体康健，嗜好简单，可以终生逍遥而不知骚扰惶乱为何物；一个美貌而于性懒散的女子，倘若嫁了一个富裕的丈夫无须她操劳，倘若她婚后不怕发胖，那一样可以享受懒福，只消在儿女方面也有运气。但这等情形是例外的。大多数人没有钱；很多人并不生来性情和易，也有很多人秉受着骚乱的热情，觉得宁静而有规律的生活可厌；健康是无人能有把握的福气，婚姻也非一成不变的快乐之源。为了这些理由，对于大多数男女，幸福是一种成就而非上帝的恩赐，而在这件成就里面，内的与外的努力必然占有极大的作用。内的努力可能包括必要的舍弃，所以目前我们只谈外的努力。

不问男女，当一个人要为生活而工作时，他的需要努力是显而易见的，用不到我们特别申说。不错，印度的托钵僧不必费力，只要伸出他的盂钵来接受善男信女的施舍就能过活，但在西方各国，当局对于这种谋生之道是不加青眼的。而且气候也使这种生活不及比较热而干燥的地方来得愉快：无论如何，在冬季，很少人懒到宁在室外闲荡而不愿在温暖的室内做工的。因此单是舍弃在西方不是一条幸运之路。

在西方各国大部分的人，光是生活不足以造成幸福，因为他们还觉得需要成功。在有些职业内，例如科学研究，一般并无优厚收入的人可能在成功的感觉上得到满足，但在大多数职业中，收入变成了唯一的成功尺度。从这方面看，舍弃这个元素在大多数情形中值得提倡，因在一个竞争的社会内，卓越的成功只有对少数人可能。

努力在婚姻上是否必要，当视情形而定。当一个性别的人处于少数方面时，例如男子之在英国，女子之在澳洲，大抵无须多大努力就可获得满意的婚姻。然而处于多数方面的性别，情形正相反之。当女人的数量超过男子时，她们为了婚姻所费的努力与思想是很显著的，只要研究一下妇女杂志里的广告便可知道。当男子占多数方面时，他们往往采取更迅速的手段，例如运用手枪。这是自然的，因为大多数男子还站在文明的边缘上，假如一种专门传染女子的瘟疫使英国的男子变成了多数，我不知他们将怎么办，也许会一反往昔殷勤献媚的态度吧。

养育儿女而求成绩完满，显然需要极大的努力，无人能够否认。凡是相信舍弃，相信误称为“唯心的”人生观的国家，总是儿童死亡率极高的国家。医药、卫生、防腐、适当的食物：不预先征服这个世界是不能到手的，它们需要对付物质环境的精力与智慧。凡把这问题当作幻象看待的人，对污秽不洁也会做同样的想法，结果是致他们的儿童于死亡。

更一般地说，每个保有天然欲望的人都把某种权力作为他正常的与合法的目标。至于愿望何种权力是看他最强烈的热情而定的；有的人愿望控制别人行动的权力，有的愿望控制别人思想的权力，有的愿望控制别人情感的权力。一个人渴望改变物质环境，另一个却渴望从智力的优越上来的权力。每桩公众工作者包含着对某种权力的欲望，除非它只以营私舞弊而致富为目标。凡目击人类的忧患而痛苦的人，倘他的痛苦是真诚的话，定将愿望减少忧患。对权力完全淡漠的人，只有对于同族同类完全淡漠的那种人。所以某几种权力欲，可以认为一般能建造良好社会的人的一部分配备。而每种权力欲，只要不受阻挠，都包含着一种相应的努力。以西方人的气质来看，这个结论或已是老生常谈，但西方国家不少人士方在跟所谓“东方的智慧”调情，正当东方人开始把它丢弃的时候。对这一般人，我们刚才的说教可能显得成为问题，若果如此，我们的把老生常谈再说一遍还是不虚的。

虽然如此，在幸福的征服上，舍弃也有它的作用，且其重要性不下于努力。明哲之士虽不愿对着可免的灾难坐以待毙，但也不愿为着不可免的患难虚耗精力与时间，而且即使对某些可免的患难，他也宁愿屈服，假如去避免这等不幸所做的努力会妨害他的更重要的追求的话。很多人为了一切细小的不如意而烦恼或暴怒，以致浪费了许多有用的精力。即使对付真正重要的目标，也不宜过于动感情，以致想到一切可能的失败而永远扰乱精神的和平。基督教以服从上帝的意志为训，即使一般不能接受这种说教的人，他们的一切行动里也当有些与此相仿的信念存在。在实际作业上，效率往往不能和我们对这件作业所抱的感情相称，的确，感情有时倒妨害效率。适当之法是尽我所能，然后把成败付诸命运。舍弃有两种，一是源于绝望，一是源于不可克服的希望。前者有不好的，后者是好的。一个人受着那么彻底的失败，以致对一切重大的成就抛弃希望时，可能学会了绝望的舍弃，若果如此，他将放弃一切重要的活动。他可能用宗教的诗句，或借着冥想才是人类真正目标的学说，来掩饰他的绝望，但不问他采用何种遁词来遮蔽他内心的失败，他总是一无所用而且彻底不快乐了。把舍弃建筑在不可克服的希望之上的人，行动是完全两样的。希望而成为不可克服，一定是很大而不属于个人性质的，不论我个人的活动如何，我可能被死亡或某种疾病所战败；我可能被敌人克服；我可能发觉走上了一条不智而不能成功的路。在千千万万的方式之下，纯粹个人的失败会无法避免，但若个人的目标是对于人类的大希望中的一部分时，那么失败来时就不会怎样的不可救药了。愿望有大发现的科学家可能失败，或可能因什么疾病而放弃工作，但若他深切地渴望科学的进步而不单希望自己的参与，那他决不会如一个纯出自私动机的科学家那样感到绝望。为着某些极迫切的改革而工作的人，可能发觉全部的努力被一场战争挤入了岔路，也可能发觉他勉力以赴的事情不能在他生前成功。但他无须为之绝望，他关切着人类的前途而不斤斤于自己的参加。

以上所说的舍弃都是最困难的，但在许多别的事情里，舍弃比较容易得多。在这等情形内，只是次要的计划受到挫折，人生主要的计划依旧有成功之望。譬如一个从事于重大作业的男人，倘因婚姻的不快乐而困恼，那他就是不能在应该舍弃的地方舍弃；倘他的工作真足以使他沉溺，他应该把那一类偶发的纠纷看作像潮湿的天气一般，当作一件不值得大惊小怪的厌事。

某些人不能忍受一些琐碎的烦恼，殊不知那些烦恼可以充塞生活的大部分。他们错失火车时大发雷霆，晚饭煮得恶劣时恼怒不堪，火炉漏烟时陷于绝望，洗衣坊送货误了时间便对整个的工业界赌咒要报复。这种人在小烦恼上所花的精力，假使用得明哲的话，足以建造帝国或推翻帝国。智慧之士不会注意女仆不曾拂拭的尘埃，厨子不曾煮好的番薯和扫帚不曾扫去的煤灰。并非说他不曾设法改善这些事情，只消他有时间，我只说他对付它们时不动感情。烦虑、惶乱、愤怒，是毫无作用的感情。凡强烈感到这些情绪的人，会说他们无法加以克制，而我不知除了上面提及的基本舍弃之外，还有什么方法可以克制这类情绪。集中精神于若干伟大的而非个人的希望，固然能使一个人忍受个人的失败，或夫妇生活的不谐，但也能使他在错失火车或把雨伞掉在污泥中时耐心隐忍。假如他是一个天性易怒的人，我不知此外还有何种治疗可以应用。

摆脱了烦扰的人，将发觉以后的生活远比他一直恼怒的时候轻快得多。熟人们的怪癖，以前会使他失声而呼的，现在只觉好玩了。当某甲把台尔·弗谷主教的故事讲到第三百四十七次时，他将以注意次数的记录为乐，不复企图用自己肚里的故事去岔开对方的话头了。当他匆匆忙忙正要去赶早车时忽然断了鞋带，在临时补救之后，他将想到在宇宙史中这件小事究竟没有什么重要。当他在求婚时忽然被一个可厌的邻居的访问打断时，他将想到所有的人都能遇到这一类的厄运，唯一的例外也许是亚当，但连亚当也有烦恼。对琐屑的不幸，用什么古怪的比喻或特殊的类似点来安慰自己是没有限制的。每个文明的男子或女子，我想，都各个把自己构成一幅图画，逢着什么事情来破坏这幅图画时就要懊恼。最好的补救是，不要只有一幅图画，而有整个的画廊，使你可以随着情势而做适当的选择。假如那些肖像中有些是可笑的，那么更好，一个人整天把自己看作悲剧中的英雄是不智的。我不说一个人得永远自视为喜剧中的小丑，那将格外可厌，但必须有机巧去选择一个适合情势的角色。当然，如果你能忘掉自己而不扮任何角色，那是再好没有。但若扮演角色之事已成为第二天性的话，得想到你是在演各种不同的戏码，所以要避免单调。

许多长于活动的人认为些少的舍弃、些少的幽默，足以破坏他们做事的精力，破坏他们自以为能促进成功的定见。我以为他们错了。值得做的工作，即在那般既不把工作之重要性也不把工作的轻而易举来蒙自己的人，也一样可以做成。凡是只靠自欺而工作的人，最好先停下来学一学忍受真理，然后继续他们的事业。因为靠自欺来支持工作的需要，迟早对工作非徒无益而又害之。而有害之事还是不做为妙。世界上有益的工作，一半是从事于消灭有害的工作的。为辨别事实所花的少许时间不是浪费的，以后所做的工作大概不致再有什么害外，像一般老是需要自吹自捧来刺激精力的人的工作那样。某种舍弃是在于愿意正视自己的真相；这一种舍弃，虽然最初会给你痛苦，结果却给你一种保障——唯一可能的保障——使你不致像自欺的人一般，尝到失望与幻灭的滋味。令人疲倦而长久之下令人气恼的事，莫过于天天要努力相信一些事情，而那些事情一天天地变得不可信。丢开这种努力，是获取可靠与持久的幸福的必要条件。

17

幸福的人

幸福，显然一部分靠外界环境，一部分靠一个人自己。在本书里我们一直论列着后一部分，结果发觉在涉及一个人本身的范围以内，幸福的方子是很简单的。许多人，其中可包括我以前评述过的克鲁奇氏，认为倘没有一种多少含有宗教性的信仰，幸福是不可能的。还有许多本身便是快乐的人，认为他们的哀伤有着错杂而很高的理智根源。我可不信那是幸福或不幸福的真正原因，我认为它们只是现象而已。不快乐的人照例会采取一宗不快乐的信仰，快乐的人采取一宗快乐的信仰；各把各的快乐或不快乐归纳到他的信念，不知真正的原因完全在另一面。对于大多数人的快乐，有些事情是必不可少的，但那是些简单的事情：饮食与居处，健康，爱情，成功的工作，小范围里的敬意。为某些人，儿女也是必需的。在缺少或可能用正确的努力去获取的场合，而一个人仍然不快乐，那必有些心理上的骚乱，假如这骚乱很严重的话，可能需要一个精神分析学家帮助，但在普通的情形中，骚乱可由病人自疗，只消把事情安排适当。在外界的环境并不极端恶劣的场合，一个人应该能获得幸福，唯一的条件是，他的热情与兴味向外而非向内发展。所以，在教育方面和在我们适应世界的企图方面，都该尽量避免自我中心的情欲，获取那些使我们的思想不永远贯注着自身的情爱与兴趣。大多数人的天性决不会在一所监狱里觉得快乐，而把我们幽闭在自己之内的情欲，确是一所最可怕的监狱。这等情欲之中最普通的是：恐惧、嫉妒、犯罪意识、自怜和自赞。在这一切激情里，我们的欲望都集中在自己身上：对外界没有真正的兴趣，只是担心它在某种方式之下来损害我们，或不来培养我们的“自我”。人们的不愿承认事实，那样的急于把荒唐的梦境用像温暖的大氅般裹着自己，主要的原因是恐惧。但荆棘会戳破大氅，冷风会从裂缝里钻进来，惯于温暖的人便受苦了，且远甚于一个早先练好身体、不怕寒冷的人。何况一个自欺的人往往心里知道自欺，老是提心吊胆，怕外界什么不利的事故迫使他们有何不愉快的发现。

自我中心的激情的最大弊病之一，是它的使生活变得单调。一个只爱自己的人，固然不能被人责备说他情爱混杂，但结果势必因膜拜的对象没有变化而烦闷不堪。因犯罪意识而痛苦的人，是受着特殊的一种自我爱恋的痛苦。在此广大的宇宙中，他觉得最重要的莫如自己的有德。鼓励这种特殊的自溺，是传统宗教所犯的最严重的错误。

幸福的人，生活是客观的，有着自由的情爱[1]、广大的兴趣，因为这些兴趣与情爱而快乐，也因为它们使他成为许多别人的兴趣和情爱的对象而快乐。受到情爱是幸福的一个大原因，但要求情爱的人并非受到情爱的人。广义说来，受到情爱的人是给予情

1　按即不是自我中心的。

爱的人。但有作用的给予，好似一个人为了生利而放债一般，是无用的，因为有计谋的情爱不是真实的，受到的人也觉得不是真实的。

那么，一个因拘囚于自己之内而不快乐的人又将怎么办呢？倘若他老想着自己不快乐的原因，他就得永远自我集中而跳不出这个牢笼。跳出去的方法唯有用真实的兴趣，而非当作药物一般接受的冒充的兴趣。困难虽是实在的，他究竟还能有许多作为。如果他能真正抉发出自己的病源。譬如他的忧郁是源于有意识的或无意识的犯罪意识，那么他可先使自己的意识界明白，他并没理由感到有罪，然后照着我们以前陈说的方法，把合理的信念种入无意识界，一面从事于多少中性的活动。假令他在制伏犯罪意识上获有成就，大概真正客观的兴趣会自然而然地浮现的。再若他的病源是自怜，他可先令自己相信在他的环境内并无特别的不幸，然后用以上所述的步骤做去。如果恐惧是他的不快乐之源，那么他可试做增加勇气的练习，战场上的勇气，从已经记不起的时代起就被认为重要的德性，男孩子和青年们所做训练，一大部分是用来产生不怕打仗的性格的。但精神的和智慧的勇气不曾受到同样的注意，可是同样有方法培养。每天你至少承认一桩令你痛苦的真理，你将发觉这和童子军的日课一般有益。你得学会这个感觉：即使你在德性上、聪明上远不及你的朋友们（实际上当然不是如此），人生还是值得生活。这等练习，在几年之后终于使你能面对事实而不畏缩，由是把你在许多地方从恐惧之中解放出来。

至于你克服了自溺病以后能有何种客观的兴趣，那是应当听任你的天性和外界环境去自然酝酿的。别预先对你自己说“假使我能沉溺在集邮里面，我便该快活了”的话，而再去从事集邮，因为你可能发觉集邮完全无味。唯有真正引起你趣味的东西才对你有益，但你可确信，一朝你不再沉溺在自己之内时，真正客观的兴趣自会长成。

在极大的限度内，幸福的生活有如善良的生活。职业的道学家太偏重于克己之道，由是他们的重心放错了地方。有意识地自制，使一个人陷于自溺而强烈地感到他所做的牺牲，因此它往往在当前的目标和最后的目标上全归失败。我们所需要的不是自制而是那种对外的关切。凡只顾追逐自己的德性的人，用了有意识的克己功夫所能做到的行动，在一个关切外界的人可以自然而然地做到。我用着行乐主义者的态度写这本书，就是说我仿佛把幸福认作善，但从行乐主义者的观点所要提倡的行为，大体上殊无异于一个健全的道学家所要提倡的。然而道学家太偏于（当然不是全体如此）夸张行为而忽视心理状态。一件行为的效果，依照当事人当时的心理状态可以大有出入。倘使看见一个孩子淹溺，你凭着救助的直接冲动而去救援他，事后你在道德上丝毫无损。但若你先自忖道：“救一个无助的人是道德的一部分，而我是愿意有德的，所以应当救这孩子”，那么事后你将比以前更降低一级。适用在这个极端的例子上的道理，同样可应用于其他较为隐晦的情形。

在我和传统的道学家提倡的人生态度之间，还有一些更微妙的区别。譬如，传统的道学家说爱情应当不自私。在某意义内，这是对的，换言之，爱情不当超过某程度的自私，但无疑的它必须有相当程度的自私，使一个人能因爱情的成功而获得快乐。假如一个男人向一个女子求婚，心中热烈祝望她幸福，同时以为这是自我舍弃的机会，那么我想她是否觉得完全满意是大成问题的。不用说，我们应愿望所爱的人幸福，但不当把他的幸福代替自己的一份。“克己说”包含着自我与世界的对立。但若我们真正关切身外的人或物的时候，这种对立便消灭了。由于这一类的对外关切，我们能感到自己是生命之流的一部分，而不是像台球般的一个独立的个体，除了击撞（台球之与台球）以外，和旁的个体更无关系。一切的不幸福都由于某种的破裂或缺乏全部的一致；意识界与无意识界缺少了相互的联络，便促成自身之内的破裂；自己与社会不曾由客观的兴趣和情爱之力联结为一，便促成了两者之间的缺少一致。幸福的人决不会感到这两种分离的苦痛，他的人格既不分裂来和自己对抗，也不分裂来和世界对抗。这样的人只觉得自己是宇宙的公民，自由享受着世界所提供的色相和欢乐，不因想起死亡而困惑，因为他觉得并不真和后来的人分离。如是深切地和生命的长流结合之下，至高至大的欢乐方能觅得。

三个圈

经典就读三个圈　导读解读样样全

三个圈
独家文学手册

导 读

罗素的幸福处方：我们为何在苦熬？

作者：杜素娟
（华东政法大学文伯书院教授，中国当代文学研究会会员）

也许你很难再找到像《幸福之路》这么真挚、诚恳且充满怜悯的书了，作为哲学家的罗素，避开那些晦涩生僻的专业术语，更没有用那些看似令人敬畏、但对普通读者全无用处的煌煌引据。用他自己的话说，他既不准备讲“高深的哲理”，也不准备使用“渊博的征引”，他只准备了一颗跟读者促膝而谈的心。在这本书里，没有那些自证“学识渊博”的炫耀，也没有晦涩深奥让读者在阅读挫败中臣服的说理迷宫；有的只是洞察人生苦涩的视角、分析痛苦和烦闷现象的力度，还有提供幸福和快乐处方的智慧，和一份解救人心的悲悯。

面对作者的这份真诚，作为读者的我们也大可不必把它当成学术著作来读。罗素说，为写这本书他调动了自己的经验和对身边普通人和事的观察；要读这本书，也需要我们调动自己的体验和观察，跟罗素一起谈谈人生。毕竟，罗素要跟我们讨论的是最为常见、几乎人人难以避免的问题：为何就算没有大灾大难，我们依然焦虑抑郁？我们又该如何提高我们的幸福指数？

焦虑抑郁、烦躁不安、自卑疑虑、茫然无力……这是现代人在日常生活中常见的内心状态，也是罗素关注的“病案”。在罗素看来，造成这些病症的原因，“一部分是由于社会制度，一部分是由于个人心理”，亦即社会环境和内心环境的双重作用。

对普通的个体而言，社会环境无从掌控，但自己的内心世界完全可以干涉和调整。《幸福之路》要表达的正是这样一种信心：我们日常生活中的痛苦和烦恼，大多来自并不正确的自我观念、伦理意识、思维方式、生活习惯甚至世界观。假如这些问题得到反思、处置和解决，“就有获得幸福的可能”。本着这样一种明确的信心和目标，《幸福之路》的逻辑框架干净利索，由“不幸福的原因”和“幸福的原因”两部分组成。前者是对“为何不幸福”的分析，后者是对“如何才能幸福”提供的方案；前者是诊断，后者是处方。

通读全篇不难发现，罗素所提供的诊断和处方虽然看似庞杂，但按照三组基本的生存关系去梳理，一切又都井井有条。我们用个通俗的方式来表达，这三组关系可以表述为：我与我、我与物，我与他人。罗素认为，在处理这些关系时，如果我们用了“错误的世界观，错误的伦理学，错误的生活习惯”，不快乐的体验就注定会发生。而要得到快乐和幸福的生存体验，就必须从纠正这些错误入手。

一、自我认知的晦暗不明

在罗素看来，造成现代人不幸福不快乐的首要因素是紧张的自我关系，即我们常常不自觉地与自己为敌，或是下意识地伤害自己而不自知。出现这些问题，大多跟人们无法展开合理的自我认知有着很大的关系。罗素把自我认知上出现的问题概括为“自我沉溺”，并重点论述了自我沉溺的三种普遍类型，即“畏罪狂”“自溺狂”“自大狂”。

“畏罪狂”类型的悲剧，来自天性、个性与社会既定规训之间的矛盾和冲突。在罗素的社会里，这往往体现为宗教规训带来的自我冲突，比如宗教规训各种享乐和两性行为都是罪恶的。人类在成长中被这种先于自己而存在的规训潜移默化，就会带来“畏罪”的痛苦：因为人的天性做不到断绝七情六欲，那么就会造成在享乐或是性行为中的自我罪感和肮脏感，最终导致深深的自我憎恶和厌弃。在我们的社会中，这种造成自我畏罪的不是来自宗教规训，而是来自礼教规训。比如郁达夫《沉沦》中的年轻人，会把自身正常的青春期性冲动视为下流和肮脏；《祝福》中的祥林嫂会因为违背了“贞洁”的规训，而自愿捐门槛去赎罪；在巴金、曹禺的笔下，很多年轻人即便面对专制父母的无理控制和盘剥，也常常沦陷于“不孝”带来的自我谴责。

要从这种“畏罪”带来的痛苦中解脱，需要生长出一种理性的辨识能力，去审视那些控制着你的规训是否合理。这也就是罗素所说的，当你“受着良心戳刺”的时候，也是最需要你用理性去警惕的时候。“良心”并不神秘，虽然有天性的使然，但它在很大程度上都是社会规训的产物。“良心”是社会给我们指出的禁区，哪些行为是恶，哪些行为是善，从而指导人类的行为选择。这固然是对人类选择善行的最好指导，但问题在于，“良心”并不是绝对真理，其中也有落后于时代的陈旧内容，是旧时代里剥夺人们正当生存权利和平等权利的旧道德、旧规训。这些内容并不会随着旧时代的结束而结束，而是如罗素所言“变成了下意识”，变成了集体无意识，对我们的观念和行为继续发生控制作用，比如贞洁观念、愚孝观念等。

如果我们不懂得与这些陈旧的“下意识”割裂，我们就会对自己出于天性和个性的正当需求产生怀疑，从而对自己产生自我审判甚至厌憎。所以罗素告诉我们，要想摆脱这种对自己极不公平的负罪之苦，就需要“密切注视无理之事，决意不尊重它，不让它控制你。当‘无理’把愚妄的念头或感觉注入你的意识界时，你当立刻把它们连根拔出，审视一番，丢掉它们”。

只有这样，我们才能摆脱“内心的争执困扰”，获得自由。

可见，“畏罪狂”是在“自我合法性”认知上犯的错误，因为无力辨认外在规训的合理与不合理，导致盲目的自我审判和自我负罪，从而在自己本为合理的行为上体验到深重的痛苦和压抑，失去了感受幸福和快乐的权利。

相比之下，罗素提到的“自溺狂”和“自大狂”，则更多是在“自我价值感”认知上出现的问题。罗素所指的“自溺狂”，表现为对社会地位和外在赞誉的过度期盼和依赖，通过获得别人的赞誉和羡慕，来认可自身的价值。一般而言渴盼外在赞誉和认可并没有问题，也可成为一种进取的动力，但过度了就会带来伤害。正如罗素所言，“虚荣心一过了头，把每种活动本身的乐趣毁掉了”。如果一个孩子认真学习是为了得到表扬，那么当他得不到表扬时，学习本身就会变得索然无趣；如果一个成年人把得到外界认可、赞誉甚至艳羡作为目标，过程就会变得枯燥寂寞难以忍受，更无力在过程中获得乐趣的回馈；就算实现了某个目标，如果外界的认可和赞誉没有达到预期，也很难实现对自己付出努力的认可，大概率会陷入落寞和挫败之中。这就是追求外在认可，给快乐体验带来的阻碍。

跟“自大狂”相比，“自溺狂”以各种形式的“征服他人”

作为自我价值感认知的标准。虽然罗素主要分析了亚历山大、拿破仑等政治人物的权力欲望，但权力欲望并不独属于从政者。比如，认为只有别人接受自己的观点和看法，才是自己价值的体现，这就是对话语权的执念；或者要求别人的行为和选择，都要遵从自己的想法，这是对控制权的执念……当我们过度强调自己对于他人和群体的主宰权、控制权时，就很难体验幸福。罗素说，“把整个世界看作建造一个人的自我的显赫的素材，是绝无终极的快慰可言的”。“自大狂”是在自我认知上高估了自己力量和价值的表现，在罗素看来，“不高估自己的力量是一种幸福之源”，用通俗的话说，我们需要不断提醒自己，其实自己并没有想象的那么厉害和重要。这并非是自卑，而是作为个体，每个人的影响力都是有限的。过于高估自己的力量，会不由自主地追求自己对他人的影响力，如果无限高估自我的影响力，一旦不能拥有权威自我的体验，就会痛苦而失落。所以罗素认为，懂得在别人面前适当“低估”自己，更有可能避开受挫的体验。

罗素所分析的这三种“自我沉溺”状况，其实都指向自我认知的误区问题。遭受不合理社会规训的压抑或审判，而不懂得寻求自身合法性；期盼别人的赞誉、艳羡和认可，来实现自我价值的确认；或是通过控制、主宰别人，来印证自身的力量和权威……这些直到今天还是我们在日常生活中常犯的错误。在罗素看来，这些自我认知的晦暗不明，就会导致我们的自我内在冲突；而人的自我一旦缺失内在和谐，痛苦、压抑和苦闷的体验将在所难免。

二、物我关系的理解误区

人生存于世，有谋生的需求和物质安全的渴望是必然的。大部分的情况下，为了谋生而劳作，为了争取物质安全而奋斗，这会成为人们生存的首要目标和大部分的生活内容。但生活的苦痛常常因此而发生。西方从启蒙运动开始，试图通过物质的创造、财富的获得来证明人类独立于上帝之外的自身能力。但从十九世纪开始，对金钱和物的崇拜，成了人类精神的摧毁性力量。于是，在社会中逐渐出现两种态度：一种是把金钱和物质的数量当作价值标准，认为唯有财富才能证明成功；一种是把金钱和物欲进行恶魔化定义，认为金钱就是罪恶，物欲就是罪恶。前者认为贫穷造成了痛苦；后者认为物欲膨胀带来的精神危机是更大的痛苦。

罗素对谋生和物质需求所带来的苦痛，却有别致的看法。

贫穷的存在确实给人带来生存的不安全感，导致内心的焦虑、绝望和苦闷；甚至为了跟贫穷对抗，人们不得不过度劳顿，并因此筋疲力尽。这样的人生，很难有快乐可言。但这样的情况往往发生在赤贫阶层，他们处于社会生存的基本线以下，因此他们的这种痛苦靠自己的内心调节是无法解决的。造成这种痛苦体验的贫穷，是社会制度的问题，罗素认为这种情况需要“通过改变社会制度来促进幸福”。

但问题在于，那些并非一无所有的赤贫群体的人们，为何也感到谋生和物质需求带来的压迫？甚至他们因这种压迫体验到的精神苦痛，并不亚于贫穷群体？甚至拥有了稳定的收入和工作，人们依然会感受到物质的强烈压迫，无法得到金钱给予的安全体验，并因之焦虑和痛苦不堪？罗素认为，造成这种痛苦的根源，并非来自缺乏金钱，而是来自对金钱的无法满足。这是完全不同的两个概念。人们永远感到金钱不足，并非是因为生存必需使然，而是来自两个方面的原因。

一方面，财富的数量成为衡量成功的唯一标准，“挣钱是测量一个人的头脑的公认的标准。挣一笔大钱的人是一个能干的家伙，否则便是蠢汉”。这就是成功标准的单一化设定。能挣取财富当然是一种重要的成功，但如果整个社会都只认同这一种成功，那大部分人就会被迫沦落为失败者，因为任何社会都不可能人人都是富翁。普遍性挫败和沮丧体验就此发生。

另一方面，财富的数量还被设定为竞争的唯一标准。人们被绑架到各种各样有形或是无形的财富排行榜中，去比拼自己和身边人的人生，不安和焦虑就会在人群中蔓延，因为即便衣食无忧，但在财富对比中失败和落后，依然令人痛苦。罗素说：“一般所谓的生活的斗争，实际是成功的斗争。他们从事战斗时所惧怕的，并非下一天没有早餐吃，而是不能耀武扬威盖过邻人。”这个批评虽然有些尖刻，但却道出了人们内心焦虑和不安的根源。

更糟糕的是，如果用来竞争的指标是财富数量，那么所有被卷入这种竞争的人们都注定不会再得到安宁。无论从赚钱的角度还是花钱的角度看，财富作为一个变量的特质都让人们的幸福感极不稳定，只要另一个更高的数字出现，或是另一个更富有的状态出现，建立其上的快乐和幸福就会摇摇欲坠，取而代之的是落于人后的苦闷体验。所以罗素说，哪怕是“比较高级的事业场中的人，已有很好的收入足够借以生活的人。但靠现有的收入过活，他们是认为可耻的”，“典型的现代人所希望于金钱，却是要它挣取更多的金钱，眼巴巴地望着的是场面、光辉，盖过目前和他并肩的人”。这不但是人们下意识的决定，更是无可选择的宿命。

可见，不是所谓金钱罪恶剥夺了人们的平静和快乐，而是人们把金钱当成单一的成功标准和竞争目标，导致自身的快乐和平静被彻底放逐。

当然，罗素并不否定现代社会中金钱的重要作用。所谓“视金钱如粪土”只能是在特定语境中的态度，对生活在商品经济社会中的人们而言，金钱是必不可少的经济基础、个人发展的重要支撑，也是个人合理的生存权利。但如何在用金钱支撑自身生存和发展的前提下，避免卷入财富攀比游戏，变成一个沮丧、绝望的失败者呢？罗素以己为例，他说“至于我，我所希望于金钱的，不过是闲暇而安全”。这不是标准答案，但是一个重要的信息传递，那就是面对金钱的自我定量。财富攀比游戏之所以粗暴无理，是因为标准永远都不可能在自己手里，而被掌握在每一个比你更富有的人手里。而这个“更富有的人”注定是层出不穷的。消费文化的盛行，更是会呈现无穷无尽、令你倍感自身不足的更为魅惑的消费风景。这就是但丁在他《神曲》中所说：“月亮下的金钱，让人类永远不得安宁。”

我们要摆脱苦痛，得到内心的安宁，就得懂得退出攀比游戏，把财富标准掌握到自己手中。按照自己的需求而不是按照别人的财富状况，给自己设置财富的定量。罗素把他的财富期待定在“闲暇而安全”。对一个不幸的赤贫者而言，要做到“闲暇而安全”毫无可能；但诡异的是，很多拥有稳定收入甚至小康生活水平的人，也做不到“闲暇和安全”，且陷入跟赤贫者一样筋疲力尽的过度劳顿之中，那就是因为未能尊重自己的情况和需求，做出属于自己的合理性的财富定量。

当然，要做出属于自己的合理性的财富定量，对一个现代社会中的人而言，是一件艰难的事情。你得有足够的主体理性，去消解和抵御被大多数人奉行的、以财富为唯一标准的成功概念和竞争模式。看不到这种单一成功概念和竞争模式的罪恶性和伤害性的人，是不可能从中脱身而出的。因为好胜心是人的天性、从众是人的惯性。如果主体理性薄弱，好胜心和从众心理就会把人拖入这一永难脱身的财富攀比游戏之中，反复经历焦虑、沮丧、嫉恨和欲望不断膨胀的折磨。

对一个社会而言，要建构出多元化的成功标准和竞争依据。对个体而言，在得到一个具备多元化成功和价值标准的社会环境之前，自己要主动去探索和践行属于自己的个性化的成功体验和价值认证。罗素这样来表述多元化的成功标准和价值依据："一个科学家可能挣钱，也可能不挣钱；他挣钱时并不比他不挣钱时更受尊敬。"当我们可以用多元化的方式来衡量"尊敬""荣誉"和"卓越"时，我们得到成功体验、自我满足和快乐感觉的机会就大大地增加了。

罗素还指出了另一个常见的对金钱力量的认知误区，那就是认为没有金钱压力了、所有物质欲望都可以得到满足了，才能得到幸福和快乐。恰恰相反，罗素认为，假如一个人想要什么就能得到什么，那么"欲望之实现并不带来快乐""一切欲望都能实现的人仍然是抑郁不欢"。快乐情绪的产生，往往是因为得到了不容易得到、具备珍贵性的东西；同样，幸福感的产生，也往往是因为实现了不容易实现、具备价值感的愿望。如果一个东西或者愿望是唾手可得的，它们就既不珍贵也不会有价值感，又怎么会给人惊喜和幸福呢？在日常生活中，轻易得到的东西人们总是不太珍惜，就是出于这一人性逻辑。轻易得到的东西，永远价值感较低。如果一个人的生活中全是价值感很低的东西，他如何感到幸福和快乐呢？所以，罗素认为“空虚之感是因为天然的需要太容易满足而产生的”“万一人类凭了大宗的财富，毫不费力地满足了他所有的欲望时，幸福的要素会跟着努力一块儿向他告别的”。我们普通人之所以固执地以为“想要什么就能得到什么”会让人幸福，恰好是因为我们都不曾拥有“想要什么就能得到什么”的生活体验罢了。

所以我们才能理解，对于那些含着金汤匙生活、因为生活需求太易满足而觉得空虚苦恼的人，罗素给出的建议是“进入世界，做一个海盗也好，做一个婆罗洲上的王也好，做一个苏俄的劳动者也好；去过一种生活，使低级的生理需求几乎占去你全部的精力”。在罗素看来，生活中有所欠缺和不足，不但不可怕，事实上会让我们更容易接触幸福和快乐的体验。“人这个动物，正和别的动物一样，宜于做相当的生存斗争”，因为生活中有所奋斗，才是得到幸福和快乐的基本前提。

三、我他关系的紧张和错置

家庭环境和社会环境中的“他人”，是我们生活中无法回避的存在，我他关系也是人类的各种生存和生活关系中的重要内容，一旦处理不当，便是造成人们痛苦体验的又一个重要因素。

家庭中的控制权冲突，社会中的竞争冲突，都会导致我们产生负罪感、嫉妒情绪、被虐感，以及舆论压力带来的不安等负面情绪体验。所以，思考这些关系中存在的问题和误区，也是《幸福之路》的核心内容。

罗素在书中有一句大约会让东方读者感到震惊的看法："老年人用尊重的态度对付青年人的愿望，固然是可取的，但青年人用尊重的态度对付老年人的愿望却并不可取。"这当然不是在煽动年轻人的大逆不道，而是针对很多家庭都在面对的一个困境：年轻人常常因为年长者的控制而感到痛苦，年长者则常常因为年轻人的对抗而感到痛苦。造成这种双向痛苦的原因，是因为童年亲子关系模式的滞后性留存。在童年时期，父母通过控制和道德训诫来庇护、引导孩子的成长，孩子通过服从这种控制和训诫，获得安全感。但这个模式的前提是孩子主体意识和主体能力的弱小。一旦孩子成长起来，这个关系模式的滞后性留存，就会带来很多双方关系的冲突和痛苦。要摆脱这种痛苦，从年长者的角度说，应该主动废止这种关系模式，亦即罗素所言"老年人用尊重的态度对付青年人的愿望"。不幸的是，按照我们的观察和经验，现实中的年长者大多不具备退出这种模式的主动性，甚至会错误地以为维持这种童年模式才能维持彼此关系的亲密和稳定。所以，要终止这种痛苦，更多地要依赖年轻人。

但这对年轻人来说同样不容易，有些年轻人会错误地以为，这种痛苦来源于父母，从而导致情感的叛逆和断裂。只有年轻人清晰地了解到，造成痛苦的根源是童年关系模式的滞后性留存，才能知道正确的做法不是跟父母断绝关系，而是解除父母跟自己之间的控制和被控制的关系。当然做到这一点很难，由于童年时期父母的庇护和控制是合二为一的，所以长大的孩子会下意识地认为反抗父母控制是一种不道德，从而遭遇罗素所说的“犯罪意识”体验，并且受到良心的自我谴责。所以罗素认为摆脱“犯罪意识”是解脱彼此痛苦的关键一环，所以他说，“使你意识界的信念保持活泼与力量，以便你的无意识界感受到强烈的印象，足以应付你的保姆或母亲给你的印象”“勿害怕冒犯那些曾统治你的童年的东西。那时，它们在你心目中是强有力的、智慧的，因为你幼稚而且痴愚；现在你既不幼稚也不痴愚了，应该去考察它的力量与智慧，习惯使你一向尊敬着它们，如今你该考虑它们是否仍配受你尊敬”。这真是对于年轻人最悲悯的体恤和指引了。

在家庭关系以外，社会环境中的我他关系问题，更是烦恼和痛苦高发地。在《幸福之路》九个让人不快乐的原因中，一多半都与这组关系的处置不当有关，诸如：竞争、嫉妒、犯罪意识、被虐狂、畏惧舆论等。梳理罗素的观点不难发现，让这组关系出问题的因素似乎很多，但归根结底来源于两种误区：过度看重他人和过度看重自己。

把别人当作参照系，通过跟别人比较进行自我评价，这就是过度看重他人。当我们下意识这么做的时候，会假设别人的状态就是自己尚未得到的幸福。这是相当盲目且不科学的，因为我们用眼睛看到的“他人的状态”从来都只能限于表面，而无法了解背后更多的真相。天性又注定每个人都刻意展现自己幸福快乐的一面，而隐藏失意和晦暗。就好像到微信朋友圈里转一下，大部分情况下我们看到的都是一个充满幸福、爱和成功的美丽世界，但我们知道事实并非如此。假如你信以为真，把他人刻意呈现的光鲜一面，视为他人全部的真实，并与自己进行比较，你会陷入怎样凄惨且落寞的自我感知呢？又怎么可能摆脱自卑和嫉妒这些痛苦情绪的纠缠呢？所以，罗素说“所有这等比较是无意义的、痴愚的，不问使我艳羡的是示巴女王抑或邻居，总是一样的无聊。一个智慧之士决不因旁人有旁的东西而就对自己的所有不感兴趣。”

过于看重他人，人为地过高评价他人，就会导致我们忽略自己所拥有的东西，更糟糕的是还会导致我们无法拥有我们本该拥有的满足和幸福。正如罗素的举例：“假定说，我赚着一笔可以满足我的需要的工资，我应该满意了，但我听见另一个我认为绝对不比我高明的人赚着两倍于我的薪金……立刻，我本来的满足变得暗淡无光，不公平的感觉缠绕着我的心。”本该拥有的快乐和满足消失了，嫉妒、沮丧和落寞控制了我们的情绪。可是多么荒诞，我们不会想到“比我多挣一倍工资的人，无疑的也在为了有人比他多挣一倍工资而苦恼，这样一直可以类推下去。你若渴望成就，你可能嫉妒拿破仑。但拿破仑嫉妒着恺撒，恺撒嫉妒着亚历山大，而亚历山大，我敢说，嫉妒着那从未存在的赫拉克勒斯”。

所以，我们必须清醒地认知到这一点，在这个世界上，意图通过胜过别人而获得快乐和幸福，这是一条走不通的死路，它的结果不过是抑郁一生。因为无论你如何努力，总有人在某个方面胜过你。就算站在世界顶端的人，也不可能事事如意。所以，跟别人比较至多获得短时的快感，却没有办法获得稳定的幸福和满足。假如有人对自己的生活感到幸福和满足，一定不是因为他已经样样超过别人，而是他终于部分或全部地摆脱了跟别人比较的思维惯性。

过度看重他人的另一个表现，就是过于在意他人对于自己的看法和评价。害怕被非议，害怕被批评，试图获得所有人的欣赏，这是人类基于社会性的天性。但我们需要跟这个天性作斗争。得到所有人的认可和喜欢，是绝无可能发生的。人们对于人的评价标准和认可倾向各不相同，就像鲁迅所言，焦大不会喜欢林妹妹。这固然是阶层差异，但就算在同一阶层同一群体中，人们喜欢和认可的人的类型也各不相同。春天，可谓人见人爱，花见花开，但也有害怕厌恶它的过敏症人群；作为普通的人，却要得到所有人的认可和喜欢，是多么虚妄而毫无意义的事情。所以，放弃这个想法，你没必要争取所有人的欣赏和喜欢，你只需要争取一类人的喜欢和欣赏就够了：那就是你所喜欢和欣赏的那些人。这种争取会让你得到同类间的互助成长，而且更容易成功。而且这种争取，才真正能够为自己营造一个罗素所说的“友好环境”。所以，我们就能明白罗素说的这句话：“遇到周遭的人愚蠢，或有偏见，或是残忍的时候，同他们失和倒是德性的一种标记。”

罗素认为，为了保全自己的幸福和自由，要把这种对他人看法的在意降到最低限度：“在原则上，一个人的尊重公共舆论，只应以避免饥饿与入狱为限，逾越了这个界限，便是自愿对不必要的专制屈服，同时可能在各方面扰乱你的幸福。”也就是说，只要不至于造成失业或是违法犯罪，大部分的情况下，你都不必理会身边人对你的看法和议论。这听上去十分决绝，但在群体中生活，如果你分散精力去注意别人如何评价你、议论你、看待你，这不但是毫无意义的精力损耗，对你的发展也并无实质性的裨益，还会彻底夺去你的快乐和平静，把你投入焦虑不安、惶惶不可终日的状态之中。

正如过度看重他人会带来危害，过度看重自己也会带来危害。罗素认为，过度看重自己的危害，就是会造成“被虐狂现象”，所谓被虐狂，就是“幻想着种种实际上并未受到的侵害”，比如，别人都在针对我、暗伤我、算计我、排挤我……人与人之间的针对、暗伤、算计和排挤，或者更严重的事情，当然每天都在发生。但我们还是要理性地认知到，很多时候我们的这种感觉都有可能只是幻觉。道理很简单，也许我们并没有自己以为的那么重要。这就是不要过度看重自己。罗素告诉我们，如果把自己的价值和重要性估计得过高，就会认为“有一种共同的密谋要抑压你的价值，而这个信念准可成为不快乐的生活的因子”。

如果懂得把自己的价值和重要性估计得低一些，你会意识到，别人并没有必要浪费时间和精力来损害你；就算真有人费尽心机损害了你，他也不能从中得到什么，对他来说也是一种愚蠢的损耗。那么，他愿意这样损耗，就请他自便好了。如果能够这样来看待这个问题，你会发现，这个担忧带给你的痛苦感大大降低了。

但要做到把自己的价值和重要性适当放低，并不容易。罗素为此提供了几条格言，我们用通俗的方式来解释。其一，不要把自己想得太高尚、太正直和太无辜，很多时候人际之间的冲突都不是正义和非正义的冲突，只是角度和立场不同。这个思维方式会带给我们更多换位思考的空间，从而避免把人际冲突极端化的危险。其二，不要把自己的价值估计得太高，如果认识到自己并没有值得别人大张旗鼓、精心布置豪华陷阱的必要，我们会释然很多。其三，不要假设别人像自己一样关注自己。在社会关系中，一个人特别关注另一个人，只有两个情况，强烈的爱和强烈的恨。但在现实中，人际之间的喜欢或讨厌，都达不到这样强烈的地步。所以，罗素说，“勿以为多数的人在密切留神你，以致有何特殊的欲望要来迫害你”。在日常生活中大多数的情况下，我们都不过是对方生活中的过客、群演和背景板，彼此客气而无感。

四、幸福处方的药引：生活细节

综上所述，围绕自我关系、物我关系和我他关系的处置问题，罗素诊断了现代人不幸福的种种症状和病源，并提出了通过改变观念和意识，来解决问题的治疗方案。除了从观念和意识的根源处进行自我调剂，罗素还特别强调了对于培养幸福感特别重要的一些人生细节因素，比如，兴趣、闲情、情爱、家庭、工作和取舍智慧等。

在前文所述的各种关系带来的痛苦之外，还有很多时候我们感觉不快乐，只是因为生活枯燥乏味、令人烦闷。对于这一点罗素认为应该区别对待。烦闷的生活分为“生产的”和“令人愚蠢的”。所谓生产的，就是具有建设性的乏味和烦闷。罗素说，“一切伟大的著作含有乏味的部分，一切伟大的生活含有沉闷的努力”。当我们试图去掌握一项技能或学习某个学科的知识时，过程毫无疑问都是枯燥而乏味的。这个世界上并不存在不枯燥的工作和学习。那如何应对这种枯燥，不因这种枯燥而感到烦闷呢？当然，找到感兴趣的工作和学习领域至关重要，当我们看到一些人兴致勃勃地从事某个工作和某个学科时，并不意味着他们从事的东西不枯燥，而是因为他们发自内心地喜欢这份工作，或发自内心地想征服这个知识领域，所以他们可以承受这份枯燥乏味甚至不减努力的兴味。

不仅如此，按照罗素的观点，自幼培养一份忍受单调和枯燥生活的能力要更为重要。罗素认为“现代父母大大该受责备：他们供给儿童的被动的娱乐实在太多，如电影与珍馐之类，他们不懂得平淡的日子对儿童是如何重要”。如果只懂得给儿童轻松热闹的娱乐，不懂得安排一些忍受寂寞和枯燥的训练，他们长大后就会缺少忍受枯燥、乏味和寂寞的能力。没有忍受枯燥、乏味和寂寞的能力，一个人很可能一事无成，因为正如罗素所言“唯寂寞才能生产果实”。甚至，没有这种训练，可能连“某些美妙的事物，没有相当的寂寞单调就不能享受”。比如，读一本经典的大书，聆听一场高雅的音乐会，安静地思考和研究一些问题。罗素甚至断言，“不能忍受烦闷的一代，定是人物渺小的一代”。可见如何培养和提升一份面对“建设性”烦闷和乏味的能力是多么重要。

但是，对于“令人愚蠢的”烦闷和乏味，情况就不是这样。因为这类烦闷和乏味，不是产生于学习和工作中的艰难过程，而是产生于意义和价值的缺失，是产生自真正的空洞和无聊，是因为“缺乏有生机的活动”。如果陷入这样的处境，要解决烦闷和乏味，就需要认真地去寻求兴趣和兴致了。

在工作中建构兴趣，罗素提到两个关键点：“第一是技巧的运用，第二是建设性。”说白了，就是要在工作中切实地掌握某项技能，培养出某种能力，这是很让人快乐的；假如还能在工作中有所创造，那乐趣会更大。无论你从事的是什么样的工作，只要能够包含这两个内容，这份工作大抵都不会令人憎厌。至于如何在家庭中建构兴趣，连罗素也觉得这个话题太大。但他还是提到了一些关键的问题，一个家庭中无论是夫妻关系，还是父母子女关系，要避免家庭变成令人苦闷烦躁的地方，彼此平等、彼此尊敬、彼此满足，就是最重要的。“在一切人与人的关系上，要单方面快乐是容易的，要双方都幸福就难了”。不让人憎厌的家庭，一定是可以做到双方都感到满足和快乐的。特别是父母面对子女，能够具备尊敬和自律的能力，保持“对儿童的敬意”，克制家长权威的滥用。当然，罗素指出，身为父母要做到尊敬和自律，很多时候需要父母不要把养育孩子看作“整个人生”，因为“若把它当作整个人生看时，就不能令人满足了，而不满足的父母很可能是感情上贪得无厌的父母”。所以，身为父母特别是母亲，不应该与“旁的兴趣与事业绝缘”，也就是父母应该拥有属于自己的事业、兴趣等其他关注点。在罗素看来，父母特别是母亲，越是不把孩子当成自己的全部人生，家庭就越有可能变成活泼有趣而不是烦闷乏味且专制可憎的地方。

除了在工作和家庭中构建兴趣，一个人保持对生活和世界的好奇，在罗素看来也是抵抗烦闷和乏味的重要因素，对提升幸福感非常重要，“对人生有兴致的人总比没有兴致的人占便宜”，“幼年的儿童对所见所闻的一切都感到兴趣；在他们看来，世界充满着惊奇的东西，他们永远抱着一腔热诚去追求智识，当然不是学校里的知识，而是可使他们和吸引他们注意的东西厮熟的知识”。一个对人生有兴致的人，就像一个行人，他不会拼命地只知赶路，他会时不时歇脚，把目光转向两边的风景。这种兴致的存在，看似会降低赶路和达到目标的效率，但赋予生命过程一种巨大的张力。因此罗素甚至单独谈了一节，名为“闲情”，“不是生活赖以建立的重要兴趣，而是那些消磨闲暇的次要兴趣，使人在从事严肃的事务之余能够宽弛一下。”罗素认为，从更宽广的角度说，人生都只是短短的一瞬，“这生与死中间的一瞬，常使我们过于重视，以致变得过于兴奋，过于紧张。这种兴奋和过度地重视自己，毫无可取的地方。固然那可使我们工作更勤苦，但不能使我们工作更好。”所以，“闲情”绝不是无所作为的“闲”，对打造具备弹性的人生，它至为重要。

在幸福处方的最后，罗素还谈到了取舍的智慧，认为中庸之道含有颇多真理，“在努力与舍弃之间维持均势”，也是提升幸福感的重要因素。关于得与失、取与舍，中国古代的哲人谈得更多，在这个问题上中国读者也有着更好的理解能力。至于罗素对于得失取舍的见解是否可以触动我们的心，这个小问题就留给大家去阅读且思考吧。

解 读

罗素的幸福观给我们的精神抚慰

一百多年前，罗素为解决人们在日常生活中面临的竞争、内耗、焦虑、疲惫等问题，写下了《幸福之路》这本书。一百多年后，我们依然会在生活中遇到这些问题，依然可以在《幸福之路》中找到答案。

疲劳 似乎没做什么，却总是感觉很疲惫

疲劳大部分是由烦恼而来。一个人愈疲乏，就愈不能停止。

疲劳有许多种，从妨害幸福一点上着眼，有几种疲劳要比别的几种更严重。

今日，进步的社会里最严重的一种疲劳，乃是神经的疲劳。要在现代生活中逃避神经的疲惫，是一件极难的事。

疲劳大部分是由烦恼而来，而烦恼是可用较为高明的人生哲学和较多的精神纪律来免除的。多数男女极缺少控制自己思想的能力。我的意思是说，他们不能在对烦恼之事无法可施的时候停止思想。

在适当的时间思索一件事情，而不在任何时间胡思乱想：培养这么一副有秩序的头脑，对于幸福与效率两者都能有惊人的作用。

恐惧　害怕面对问题，习惯性逃避

因为不敢正视，每种恐惧越变得严重。转移思想的努力，恰恰把你存心规避的幽灵加强了可怕性。

恐惧之来，以为害最大的形式来说，是因为有些我们不愿正视的危险。在特殊的时间，一些可怕的思想闯入我们的头脑里。思想的内容因人而异，但几乎人人都有潜藏的恐惧。

大概所有这批人都用了错误的方法对付他们的恐惧：恐惧一闯入他们的脑海，他们立即试着去想旁的事情。他们用娱乐，用工作，用一切去转移自己的念头。

现在男男女女所感受的神经疲惫，大部分是由于有意识的或无意识的恐惧。

对付无论何种的恐惧的正当办法，是集中精神，合理地、镇静地把恐惧想一个彻底，直到你和它完全熟习为止。

竞争　总是不自觉地和别人比较，被迫卷入竞争中

过于重视竞争的成功，把它当作幸福的主源，这就种下了烦恼之根。

病根是一般人所公认的人生哲学，以为人生是搏斗，是竞争，尊敬是属于胜利者的。这种观点使人牺牲了理性和思悟，去过度地培养意志。

我不否认成功的感觉使人容易领会到人生之乐，我也不否认金钱在某程度内很能增进幸福，但超过了那个程度就不然了。成功只能为造成幸福的一分子，倘牺牲了一切其余的分子去赢取这一分子，代价就太高了。

竞争而当作人生的主体，确是太可怕、太执拗，使肌肉太紧张，意志太专注，倘用作人生的基础的话，决不能持续到一二代……竞争哲学所毒害的，不止工作而已，闲暇所受到的毒害也相等。

救治之道是在“保持生活平衡”这个观念之下，接受健全而恬静的享受。

烦闷 总感觉很无聊、很烦闷

没有新的事情令人烦闷，有了新的事情同样令人烦闷：可知失望的真原因并不在此。

烦闷的特色之一，是眼前摆着“现状”，想象里又盘旋着“另外一些更愉快的情状”，两者之间形成一个对照。

烦闷在本质上是渴望发生事故，所渴望的不一定是愉快的事情，只要是一些事情，能使烦闷的人觉得这一天和别一天有些不同就行。一言以蔽之，烦闷的反面不是欢娱，而是兴奋。

分量相当的兴奋是滋补的，但像几乎所有的东西一般，分量对于利弊有着极大的出入。刺激太少，产生病态的嗜欲；刺激太多，使人精力枯竭。

所以忍受烦闷的能耐，对于幸福生活是必要的，是应该教给青年人的许多事情之一。

空虚　感到生活空虚没有意义

只要对一些事情真正感到兴趣，一个人在闲暇时就心有所归，不再觉得生活空虚了。

世界广大，人力有限。假定我们全部的幸福完全限制在我们个人的环境之内，那么我们就很难避免向人生过事诛求的毛病。而过事诛求的结果，一定使你连应得的一份都落空。

一个人能凭借一些真正的兴趣，而忘记他的烦虑的话，当他从无人格的世界上旅行回来时，定将发觉自己觅得了均衡与宁静，使他能用最高明的手段去对付他的烦虑，而同时也尝到了真正的、即使是暂时的幸福。

我们的生活绝不可置于狭隘的兴趣之上，使我们的人生的意义和目的完全受着意外事故的支配。

一个明哲地追求幸福的人，除了他借以建立生命的主要兴趣之外，总得设法培养多少闲情逸兴。

欢迎您从《幸福之路》走进
读客三个圈经典文库

亲爱的读者，感谢您选择读客三个圈经典文库。

我们的封面统一使用“三个圈”的设计，读者可以凭借封面上形式各异的“三个圈”找到我们，走进经典的世界。

你想成为什么样的人？

对你来说什么是重要的？

这个世界应该是什么样子？

我们在生命中遇到的这些问题，或许可以在浩如烟海的文学经典中找到答案。

跟随读客三个圈经典文库，认识世界、塑造自我，成为更好的人！

《漫长的告别》

《西西弗神话》

《人间失格》

《人类群星闪耀时》

《鼠疫》

《小王子三部曲》

《局外人》

《月亮与六便士》

《基督山伯爵》

《罗生门》

读客三个圈经典文库

精神成长树

你想成为什么样的人？
对你来说什么是重要的？
这个世界应该是什么样子？

我们在生命中遇到的问题，每个时空的人都经历过，一些伟大的人留下一些伟大作品，流传下来，就成了经典。正是这些经典，共同塑造并丰富着人类的精神世界。

我们重新梳理了浩若烟海的文学经典，为您制作了精神成长树。跟随读客三个圈经典文库，汲取大师与巨匠淬炼的精神力量，完成你自己的精神成长！

树干：

不同的精神成长主题，您可以挑选任意感兴趣的主题进行深入阅读

例如：
寻找人生意义
探索自己的内心
拥有强大意志力
理解复杂的人性
…………

枝丫上的果实：

我们为您精选的经典文学作品

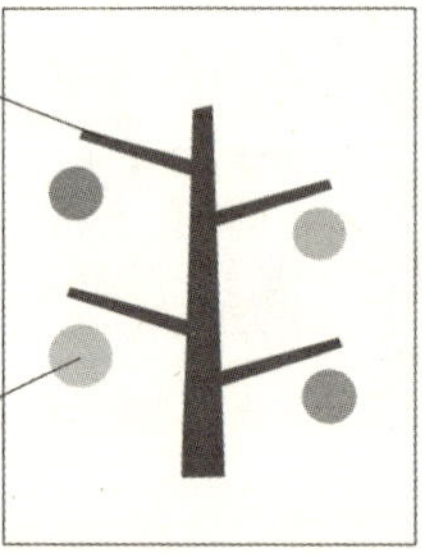

精神成长树示意图

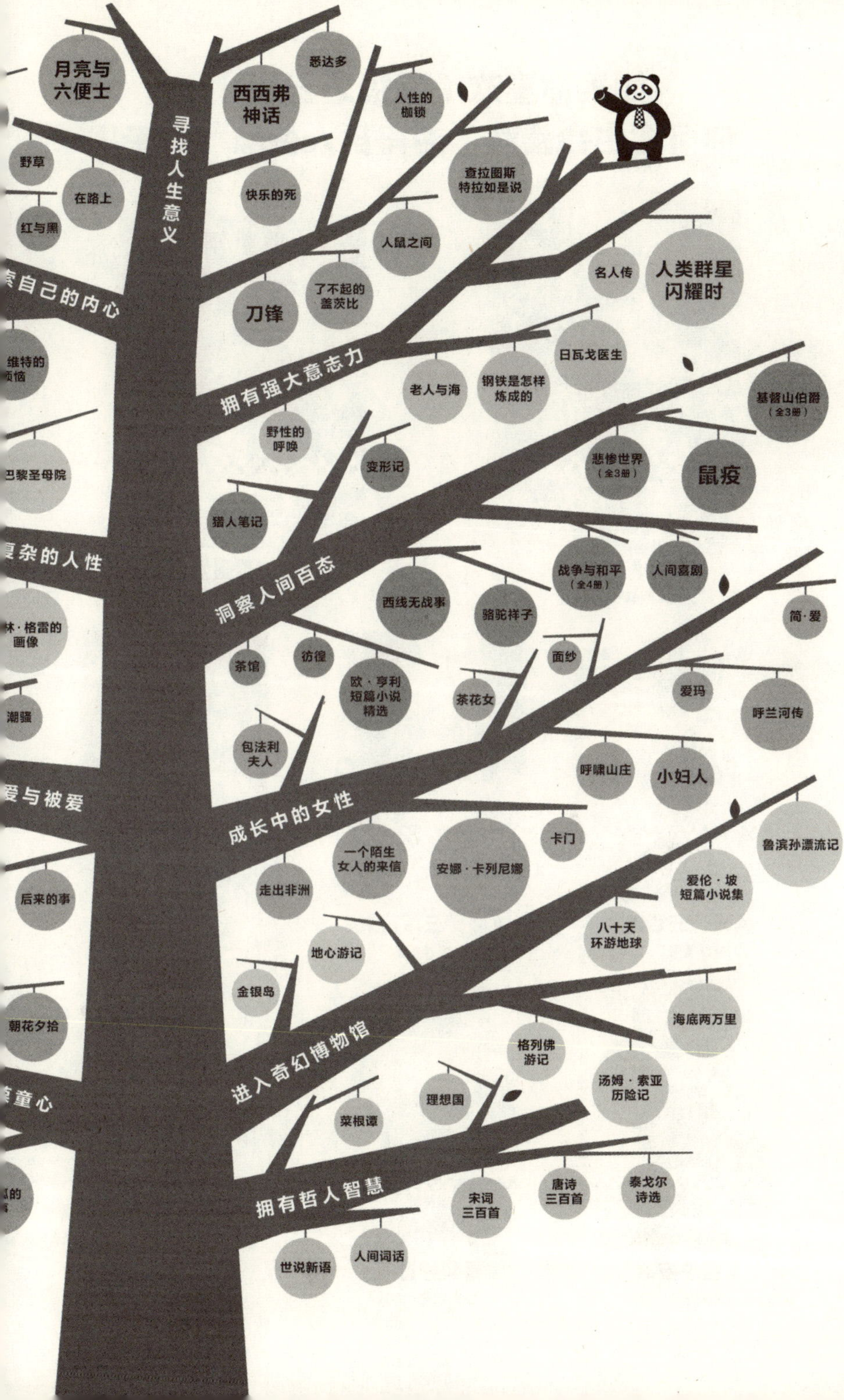

月亮与六便士
西西弗神话
悉达多
人性的枷锁
寻找人生意义
野草
在路上
红与黑
快乐的死
查拉图斯特拉如是说
人鼠之间
名人传
人类群星闪耀时
自己的内心
刀锋
了不起的盖茨比
日瓦戈医生
维特的
恼
拥有强大意志力
老人与海
钢铁是怎样炼成的
基督山伯爵（全3册）
野性的呼唤
变形记
悲惨世界（全3册）
鼠疫
巴黎圣母院
猎人笔记
杂的人性
战争与和平（全4册）
人间喜剧
洞察人间百态
西线无战事
骆驼祥子
简·爱
林·格雷的画像
茶馆
彷徨
面纱
欧·亨利短篇小说精选
茶花女
爱玛
呼兰河传
潮骚
包法利夫人
呼啸山庄
小妇人
爱与被爱
成长中的女性
卡门
鲁滨孙漂流记
一个陌生女人的来信
安娜·卡列尼娜
爱伦·坡短篇小说集
后来的事
走出非洲
八十天环游地球
地心游记
金银岛
海底两万里
朝花夕拾
格列佛游记
进入奇幻博物馆
汤姆·索亚历险记
童心
理想国
菜根谭
拥有哲人智慧
宋词三百首
唐诗三百首
泰戈尔诗选
世说新语
人间词话

如果你喜欢《幸福之路》
你可能也会喜欢“拥有哲人智慧”书单

《人间词话》
文库编号：151

《理想国》
文库编号：150

《宋词三百首》
文库编号：132

《唐诗三百首》
文库编号：131

《世说新语》
文库编号：147

《围炉夜话》
文库编号：127

《菜根谭》
文库编号：126

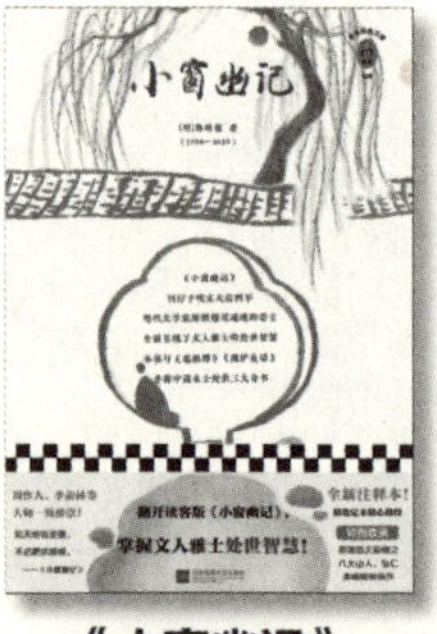

《小窗幽记》
文库编号：128

人生的暴风雨和自然界的一样多，来时也一样的突兀；
有时内心的阴霾和雷电，比外界的更可怕、更致命。
所以我们多一个向导，便多一重盔甲，便多一重保障。

——傅　雷